比努力更重要的是逻辑思考力。

逻辑思维

陈　赞◎著

中国商业出版社

图书在版编目（CIP）数据

逻辑思维／陈赞著. -- 北京：中国商业出版社，
2024.4
ISBN 978-7-5208-2712-6

Ⅰ. ①逻… Ⅱ. ①陈… Ⅲ. ①逻辑思维-通俗读物
Ⅳ. ①B804.1-49

中国国家版本馆 CIP 数据核字（2023）第 218502 号

责任编辑：朱丽丽

中国商业出版社出版发行
（www. zgsycb. com 100053 北京广安门内报国寺 1 号）
总编室：010-63180647 编辑室：010-63033100
发行部：010-83120835/8286
新华书店经销
三河市宏顺兴印刷有限公司印刷
＊
710 毫米×1000 毫米 16 开 15 印张 200 千字
2024 年 4 月第 1 版 2024 年 4 月第 1 次印刷
定价：59.80 元
＊ ＊ ＊ ＊
（如有印装质量问题可更换）

思维决定行为，行为决定习惯，习惯决定性格，性格决定命运。逻辑思维是正确认识、理解周围世界的工具，是行为背后深藏的原因。你拥有什么样的逻辑思维，就拥有什么样的人生和命运。

大多数人都不曾意识到，那些人生困惑的背后，往往藏着一堵堵思维的墙，把我们与美好的生活隔开了。提升逻辑思维能力，突破认知局限，我们就能在工作、生活中摆脱困惑和迷茫，活得更加通透和自在。

一片宏伟的办公楼群竣工了，园林师找到建筑设计师，问："人行道应该铺在哪里呢？"

"把大楼之间的空地种上草。"建筑设计师给出了这样的回答。园林师还想问，建筑设计师转身离开了。

不久，楼群之间的土地上长出了小草。每天来这里上班的人很多，草地上踩出了许多小径。走的人多，小径就宽；走的人少，小径就窄。远远看去，这些小径非常好看。

建筑设计师找到园林管理人员，让他们沿着这些踩出来的小径铺设人行道。这是从未有过的优美设计，最大限度地满足了行人的需要。

在社会环境相当稳定的时代，单凭知识、技术就可以应付一切了。可是，外界环境变得不确定，每个人所需要的思考与应变能力远超想象，人们需要的不仅是新鲜的知识和技术，更重要的是高效的逻辑思维能力。

今天，聪明人和普通人之间的根本区别不仅在于拥有的知识多少、阅历深浅，还在于思维方式的差异。像聪明人一样思考和行动，培养强大的逻辑思维能力，就容易从纷繁复杂的问题中洞察真相，从而采取更高效的行动。

时代与科技日新月异，改变了人们的思维方式。各种理念层出不穷，所谓的智者也难免陷入思维的怪圈。面对千篇一律的答案，不知思考为何物，这说明我们真的需要重建自由思考的能力了。

事实上，每个人身上都有获得巨大成功的潜能，而我们梦想成真的障碍是错误的思维习惯与逻辑分析能力，导致我们对眼前的人和事失去了正确的认知。本书能帮助我们系统地建立逻辑思维能力，告别混乱的思考模式，实现认知迭代与人生跃迁。

| 目录 |

第 01 章　认知逻辑 | 让见识成为你最大的底气 / 001

人有两次生命，一次是出生，一次是觉醒。如果你想在风华正茂之时获得新生，一定要通过深度学习和思考来审视自己的未来，看清世界真相，开启认知驱动，走出低效勤奋的陷阱。

第 02 章　熵减逻辑 | 人类所有行为都是生命的熵减 / 013

薛定谔说：生命以负熵为生，人活着就是在对抗熵增。熵减法则让我们在千变万化的世界中始终保持竞争力。

第03章　破壁逻辑｜别沦为"安全感"的奴隶 / 027

你还蜷缩在内心的安全区域吗？停留在"舒适区"固然很舒服，但也意味着你不再进步。从今天起，别再做"安全感"的奴隶，勇于突破自我才能拥有成长力。

第04章　演说逻辑｜会讲故事的人掌控一切 / 043

爱听故事是人类的天性。无论在什么场合，故事总是胜于雄辩，情感总是胜于逻辑。获取影响力的最佳方式就是讲好故事。

第05章　博弈逻辑 | 赢得人生赛局的竞争策略 / 055

世界就是一盘棋，无论做什么都要与人进行博弈。如果你想保持长久的竞争优势，就必须深谙无所不在的博弈策略，从而避开不利条件，选择最优的行动方案，实现己方效用最大化。

第06章　逆向逻辑 | 翻转大脑，让问题迎刃而解 / 069

一切苦厄，皆含深意。唯一的差别是，有人趟了过去，有人却留在原地。生命中的各种不如意，都是为了让我们变得更强大。身处困境并不可怕，可怕的是在困境中失去前进的信念。

第07章　概率逻辑｜凡事只要可能出错，就一定会出错 / 085

不管你多么聪明，多么优秀，总是无法避免出错。"人非圣贤，孰能无过"，错误是这个世界的一部分，坦然接受错误，并尝试减少出错的概率，才能收获更多的成功。

第08章　行为逻辑｜读懂行为背后的心理奥秘 / 098

世界著名心理学大师荣格提出了人格面具理论，即一个人总会展示自己好的一面，以便给人留下好的印象。显然，凭第一印象识人非常不靠谱，我们必须分析人的情绪、语言、习惯，研究人体反应的来源及奥秘，从而破解人性深处的行为密码。

第 09 章　迭代逻辑 | 为人生赋能，永远无惧变化 / 109

技术不断突破、产品不断创新、商业模式不断变革，每个人、每个企业都会面临淘汰。人生如何走出迷茫？迭代逻辑思维帮你在变化中取胜，抓住成功的机会。

第 10 章　批判逻辑 | 批判性思考带来正确决策 / 123

你还在被传统思维模式束缚，丧失独立思考的能力吗？批判性思维，让你正确思考人生，不再因"无知"走弯路。

第 11 章　框架逻辑丨说话有章法，做事成体系 / 135

万丈高楼平地起，搞清楚"结构"再行动至关重要。如果想迅速找到"关键点"，如果想条理清晰、工作轻松，就要努力成为框架思维者，提升办事效率。

第 12 章　财富逻辑丨聪明人擅用头脑赚钱 / 151

为什么有的人实现了财富自由，有的人一辈子为钱辛苦奔忙？一切都与人的财富思维密切相关。从现在开始，回顾自己的成长背景和财富观，分析各种与致富有关的内在思维，彻底修改自己的"财富蓝图"，才能朝着更好的财务状况迈进。

第 13 章 创新逻辑 | 先有创新思维，再有创造力 / 167

努力很重要，但是努力的方向更重要。用创新思维解决问题，让一切变简单。

第 14 章 推理逻辑 | 从脑科学角度读懂人的动机 / 179

提到推理，几乎每个人都会想到大名鼎鼎的福尔摩斯。然而，真实的逻辑推理并非神秘莫测，更多情况下是根据几个已知的条件，经过层层推理，最后还原真相。推理是对人类逻辑思维研究和利用的过程，看看侦探专家的推理故事，你会豁然开朗。

第 15 章　社群逻辑 | "连接"是一切价值的源头 / 199

社群思维作为一种人性化生存法则,其思维方式关乎人类的生存和价值观。进入互联网时代,通过有效社群点燃用户,引爆产品传播,已经成为一种趋势。"成功,不仅在于你知道什么或做什么,还在于你认识谁。"这句话在今天仍然没过时。

底层逻辑是从事物的底层、本质出发，寻找解决问题路径的思维方法。底层逻辑越坚固，解决问题的能力也就越强。真正的强者善用底层逻辑思考和解决问题，从而有效逆转眼前的被动局面，告别做事的无力感和焦虑感，在工作和生活中取得主导权。

◆

第 01 章

认知逻辑

让见识成为你最大的底气

人有两次生命，一次是出生，一次是觉醒。如果你想在风华正茂之时获得新生，一定要通过深度学习和思考来审视自己的未来，看清世界真相，开启认知驱动，走出低效勤奋的陷阱。

防止经验变成人生路上的陷阱

经验是指在过去的实践或学习中得到的知识和技能，包括直接经验和间接经验。任何一种经验都是人们在亲身实践中获得的，都能帮助人们在以后的工作和生活中少走弯路，提高效率。

但是，任何事情都有两面性，经验也不例外。善于运用经验并加以创新的人，更容易有所作为；囿于狭隘经验而不知变通的人，往往陷入经验编织的陷阱，很难有进步和突破。对此，我们必须保持警惕。

一只蜻蜓飞累了，停在路边的石头上休息。这时，它发现不远处有一只蜥蜴正在慢慢靠近自己。按照正常的逻辑，蜻蜓应该火速离开这个不安全的地方。但是，它却无动于衷，依然悠然自得地停在石头上。之所以这样，是因为以往它遇到蜥蜴都能够平安逃脱。

蜻蜓认为，蜥蜴是爬行动物，要想抓住自己简直是痴心妄想。因此，每次遇到蜥蜴它都不慌不忙，等休息够了才飞走。可惜这次是个例外。蜥蜴如一条黑影般快速扑了过来，终结了蜻蜓的生命。

作为飞行高手的蜻蜓怎么也想不到会栽在这只不会飞的蜥蜴手上。这就是经验带给蜻蜓的血淋淋的教训。

自己成功的经验，抑或他人成功的经验是一笔宝贵的财富，但是，如果过分相信和依赖经验，而忽略了客观现实，那么迟早要付出代价，掉进经验的陷阱里。

经验为什么会变成陷阱呢？概括起来，主要有以下几个原因：

首先，事情是不断变化和发展的，我们从课本或他人那里学到的经验并不完全符合当前的情况。当然，我们并不是否认经验的正确性，而是强调应该具体问题具体分析。

其次，科技日新月异，唯有敢于突破经验的束缚才能有所建树。科学技术的不断发展告诉我们：如果一味地因循守旧，遵循固有的经验，必然被淘汰。

最后，经验是我们通过实践和学习获得的财富和智慧，因此我们应该根据自己的能力持续学习，并适当作出改变，以适应新的局面。如果只相信课本或他人的经验，就有可能在工作和生活中栽跟头，步入经验所编织的陷阱里，失去方向。

没有人一生下来就会处理事情、解决问题，唯有不断学习和实践，才能持续进步。经验是一把双刃剑，智者善于利用经验并勇于创新，而愚者则盲目相信经验，以至于落入经验编织的陷阱。

偏见让我们无法看清真相

真相往往只有一个，但在大多数情况下我们或多或少都会被某些偏见误导，扭曲了客观的看法。自然规律、文化风俗、社会环境都会在一定程度上左右我们的判断，我们只有保持足够客观公正的视角，才能避免认知出现偏差。

研究表明，偏见是人们以不正确或不充分的信息为根据而形成的、对其他人或群体的片面甚至错误的看法。世界上所有的东西都可以用质疑的眼光再加上检视的态度来了解，看清事实真相才是判定一个聪明人的标准。思想上的造作都是虚幻的、不真实的，只活在思想观点中，从不质疑、从不检视，也不探究事实真相，是一种极其愚蠢的行为。

事实往往是无法被撼动的，而思想却会被扭曲。许多事情不容易用经验加以检验。如果你像大多数人一样想法比较偏激，必然产生某些偏见，出现许多短视行为。如果一听到与自己相左的意见就发怒，这表明你已经带有深深的偏见了。

尼古拉·哥白尼是欧洲文艺复兴时期伟大的天文学家。1499 年，他回到波兰一所教堂当上了神职人员。此时，哥白尼掌握了天文观测技术，熟知托勒密的地心说，满脑子都是星空的万千璀璨。为了方便夜观天象，他向叔叔申请了教堂顶楼的房间，即使没有天文望远镜也要坚持裸眼观测。

托勒密的地心说是当时的主流观点，是罗马宗教所坚持的真理，但是经过 1500 多年的观测，这个理论出现了一些漏洞。哥白尼决定修补这些漏洞，在星际中沉浸了 20 多年，他带着一身的叛逆，发现太阳才是星空的老大，日心说由此成形。

1533 年，60 岁的哥白尼在罗马做了一系列讲演，临近古稀之年才决定将其出版。1543 年，哥白尼感到自己时日无多，但依旧遭受着人们的嘲笑。幸好，哥白尼在去世那一天，看到了自己的新书。

今天，事实证明哥白尼的日心说推动了天文学的变革。然而在文艺复兴时期，地心说占据了主流，哥白尼当时提出日心说，显然冒着巨大风险，需要极大的勇气。

敬重权威看起来是一种正确的选择，但是它会严重地抑制我们保持客观的能力。权威是权力在人的头脑中的主观反映形式，是对权力的一种自愿的服从和支持。在权威的影响下，人们对不寻常的观点容易形成偏见，并对其进行扼杀。

经验表明，权威不一定是事实的真相，我们完全可以抱着质疑的眼光来看待权威。哥白尼的叛逆或多或少地冲击了罗马教皇时期地心说的权威，让人们重新认识了宇宙。这不仅在科学上，更在思想上促使人们更理性地看待问题。

当事实冷冷地摆到人们面前的时候，真相便浮出水面，人们不再相信那些落魄愚昧的观点，事实打破了人们固有的思维模式。

古往今来，无数先哲和科学家致力于探究事情的真相，打破原有的思维模式，朝着未知领域进行探索。在这个过程中，难免会有放弃的念头，睿智的人始终客观地思考问题，从而看清事情的真实面貌。

为了防止偏见导致认知偏差，我们首先需要具备综合思维的能力，全面掌握各类信息，避免一叶障目不见泰山。其次，我们要提升自己的知识储备和个人修养，这样观察和分析问题的能力才会增强。最后，遇事要多观察，不要轻易下结论，作出决定前多问几个为什么，这样决策是否科学。

总之，凡事坚持实事求是，不让偏见占据心灵和大脑，也不迷信权威和主流观点，这样我们才能形成正确的认知，真正成为有见识的人。

知识的宽度限制思维的广度

拥有丰富的知识，是取得成功的基本素质，也是在人生之路上有所收获的根本保证。因为拥有丰富的学识，视野就变得广阔，而广阔的视野对于形成正确的判断，作用实在太大了。

在犹太人的眼里，知识和金钱是成正比的。只有掌握了知识，特别是掌握了大量业务知识，在经商中才不会走弯路，才会先于别人到达目的地，也才能更快地赚更多的钱。

一个西班牙人对犹太商人的经商原则很欣赏，并且尽力学习，最后取得了巨大成功——他的女式手提包的生意十分红火，在服饰品贸易的经营中站稳了脚跟。

后来，他看到犹太人经营钻石更为赚钱，于是也想做钻石的生意。不过，他看到身边不少西班牙人经营的钻石生意都很不景气，为了避免遭受同样的命运就找到当时世界著名的钻石大王，询问其中的缘由。

这位钻石大王听完他的来意，语重心长地说："做任何生意都要有相关领域的丰富知识，钻石生意也是如此。你对钻石的来源、历史、种类和品质都不知道，显然无法知道它们的价值。积累这些判断钻石价值的基本经验和知识，至少需要20年。只有真正了解了所有相关的知识，你才能培养出真正的市场眼光。"

听到这里，这个西班牙人不禁为自己的知识太少而羞愧，于是自觉退出了这个行业。

学识渊博是犹太人对商人的要求，他们不但要求自己持续学习，也要求别人多学习。他们绝不和那些见闻狭隘、学识浅陋、品行粗俗的人来往。犹太商人相信，多结交学识渊博的朋友，不但可以相互得益，而且可以提高自己的信誉，有利于事业发展。

犹太商人有"杂学博士"之称，他们在商业谈判中讲得头头是道、条理清晰、内容精彩，似乎世界上没有他们不知道的事情。犹太人谈政治、论经济、说军事、讲历史，还滔滔不绝地聊体育、娱乐、军事、时事，真是天文地理无不涉猎。

正因为拥有如此渊博的知识，犹太商人才具有聪明的头脑，从而在生意中永远立于不败之地，成为公认的"世界第一商人"。

一个人想成为某一领域的专业人士并有所作为，一定要努力成为学识广博的人，用丰富的知识开阔自己的视野，从而放眼世界，对行业资讯获得全面、精准的认识。

经验表明，因为知识欠缺导致认知出现偏差，从而影响了个人判断，这种情况屡见不鲜。在知识经济时代，多读书并保持学习的习惯，才能紧跟社会发展趋势，在自己的领域内不落伍。

学习是一个人的生存手段，也是迈向成功的资本。在未来社会，靠自上而下的培训已经不够，应该创造一个自我学习的氛围，永远保持学习的动力，不断用最新知识、最新技术武装自己。

让大数据告诉你该做什么

每年，微软都有七八百万条原始客户数据等候处理，而其中有 600 万条来自支持现场，大多是采用电话的形式，也有一部分是从网上发来的。还有 100 万条来自 Premier，它是微软面向企业客户的尖端支持服务。

还有一些客户数据来自其他渠道。比如，支持工程师在处理电话时，把电话记录的问题输入数据库。网络在线的问题记录可以直接进入数据库。而电子邮件中提出的问题也能方便地转化成有条理的格式被输入。

这些数据，集中反映了顾客对微软产品的意见，从这些反馈中微软得到了许多启示。为了更好地利用这些信息，发挥它们的最大价值，微软通过对数据的分析，列出问题优先处理表，并向每个开发组推荐若干个解决方案。这种结构化的反馈使开发组大大缩短了时间，提升了工作效率。

微软的启示在于，经营者要学会用数据读懂客户，从中获得有价值的商业情报，为决策提供依据。而所谓客户数据，其实是商业活动中广泛接触到的各种客户信息情报。

客户信息是客户关系管理的基础。数据仓库、商业智能、知识发现等技术的发展，使收集、整理、加工和利用客户信息的质量大大提高。著名的"啤酒与尿布"的数据挖掘案例就很有启发意义。

沃尔玛对美国顾客购买清单信息的分析表明，啤酒和尿布经常同时出现在顾客的购买清单上。原来，美国很多男士在为小孩买尿布的时候，还要为自己带上几瓶啤酒，但超市的货架上，这两种商品离得很远。因此，沃尔玛就依据分析结果重新布置货架，把啤酒和尿布放得很近，使购买尿布的男人很容易就能看到啤酒，最终使啤酒的销量大增。

办公自动化程度、员工计算机应用能力、企业信息化水平、企业管理水平的提高都有利于客户关系管理的实现。我们很难想象，一个管理水平低下、员工意识落后、信息化水平很低的企业能从技术上实现客户关系管理。

有一种说法很有道理：客户关系管理的作用是锦上添花。现在，信息化、网络化的理念已经深入人心，很多企业有了相当深厚的信息化基础。

客户数据不在多，在于用。仅仅拥有大量的客户信息，并不保证能提高最有利可图的客户的忠诚度，经营者必须确保收集到最有价值的客户信息。比如，掌握客户的行为和偏好，将会为我们提供一个更为坚实的基础，从而制定和实施旨在提高客户忠诚度的战略。

通过挖掘数据建立客户档案已经成为一种趋势，计算机、通信技术、网络应用的飞速发展让一切不再停留在梦想阶段。除了建立信息档案外，还要重视信息的利用，也就是通过对信息的分析、汇总，得出有价值的商业情报，进而为决策提供依据。

分类看世界导致思维狭隘

人们经常说：物以类聚，人以群分。这句话其实也反映了大众的心理：将事物分门别类地划分，以便区别对待。

孟子在很小的时候就失去了父亲，母亲依靠纺织麻布艰难度日。孟子生性聪慧，看见什么或听到什么，立刻就能模仿出来。

最初，孟子家住的地方离墓地不远，经常有送葬的队伍吹着喇叭从门口路过。看到眼前新奇的一幕，孟子跟着送葬的队伍学习吹喇叭，结果一群孩子跟在身后，大家一起扮演送葬者的场景。孟母看在眼里，急在心中，她意识到这样的居住环境会耽误孩子成长。于是，她带着孩子搬到了城里。

新家处在繁华的闹市附近，旁边挨着一个屠宰场。孟子无事可做的时候，经常到屠宰场看大人们杀猪。那些屠夫技术娴熟，动作行云流水，孟子过目不忘，不久竟然能帮着大人杀猪了。看到这一幕，孟母焦虑万分，急忙把家搬到了学堂附近。

此后，孟子每天早晨都被学堂里的读书声吸引，他跑到学堂的窗外，摇头晃脑地跟着学生们一起读书，听老师讲解各类知识和人生道理。过了一段时间，孟子变成了一个有学识、懂礼貌的孩子，大家见了都很喜欢他。

虽然多次搬家很辛苦，但是孟母从来没有抱怨过。因为她始终坚信：近朱者赤，近墨者黑。

每件事情都有各自的乐趣，我们自认为最好的，其他人未必认为是好的。在做出某种选择的时候，必然会失去其他选择所带来的丰富多彩。

有人说，人为什么乐此不疲地活下去，意义就在于尝试没有尝试过的东西，丰富自己的人生。但是将事物分门别类地进行划分，无疑是与之相矛盾的。

既然这样，为什么仍然有人乐此不疲去分门别类呢？这是出于什么心理呢？

在社会心理学中，有一种相互吸引效应。人际交往中，人们对相似或者熟悉的东西更容易抱有好感，对不同类或者不熟悉的人或物会持一种远离的态度。当然，这种心理是非常容易理解的，在人的意识中，肯定倾向于自己能够把握的或者熟悉的人和事。一些不能够控制、不熟悉的事情很有可能会让自己出丑。

面对不熟悉的事物，勇于尝试，就会化难为易。如果没有勇气尝试，可能永远处于懵懂的状态。

世界每天都发生巨大的变化，如果固守自己原有的思维，肯定会被时代甩在后面。这就是分类看世界带来的弊端，它使我们故步自封，无法追新逐异，无法全面地认识这个世界。

当然人们可能说，"近朱者赤，近墨者黑"。长时间和品质差的人在一起，可能自己的品质也会变坏。当然不排斥这种可能，但是与品质好的人在一起就一定不会变坏吗？答案当然是否定的。

为此，想要正确、全面地了解这个世界，必须抛弃已有的思维定式，断然不能采取分门别类的做法。那么，怎样才能避免这种分类看世界的思维定式呢？

第一，每天逼迫自己了解陌生的事物。人们在内心深处总是认为陌生的都不值得信任。实际上并非如此，正是因为时代的进步、认知的发展，人们开始深层次地理解从前没有认识到的事物。很多陌生的事物，在众多人看来早已不足为奇。为此，每天去了解一些新鲜的事物，会发现很多有趣的东西。可以看看新闻，刷刷页面，不经意中你对很多东西会有一种全新的认知。你的眼界将不局限于目前，思维也会更加活跃。

第二，打破阶层意识，和不同的人交往。每天，尝试和不同类型的人交流，你会了解到许多不知道的事，在谈话中碰撞出新的火花。久而久之，你会发现自己开始喜欢和不同类型的人交往，在他们那里你看到了连想都没有想过的事情。你会乐于交往，和人交流，分享自己的心得。你的世界将不再是狭小的，而是广袤无边的。眼界开阔以后，面对工作中很多棘手的事情，你会从另一种角度着手，让难题迎刃而解。

知识是我们认识世界的助手，而不应该成为一种牵绊和束缚。打破分门别类看世界的思维定式，你会发现无限可能，从而获得不一样的认知。

◆

第 02 章

熵减逻辑

人类所有行为都是生命的熵减

薛定谔说：生命以负熵为生，人活着就是在对抗熵增。熵减法则让我们在千变万化的世界中始终保持竞争力。

用"熵增定律"解释一切

在科学领域，能源、材料与信息是物质世界的三个基本要素。而在物理学中，能量守恒定律是重要的定律，各种形式的能量相互转换，保持总体平衡。

1854年，德国人克劳修斯提出了"熵增定律"。他认为，在一个封闭的系统内，热量总是从高温物体流向低温物体，从有序走向无序。如果外界没有对这个系统输入能量，那么熵增的过程是不可逆的，最终会达到熵最大的状态，系统陷入混乱无序。

研究发现，所有事物都是从"有序"变得"无序"。比如，一个星期不打扫卫生，即使没人进入公园，那里也会变得脏乱不堪。又比如，公司发展壮大以后，内部组织架构会更加细化，结果出现机构臃肿、人浮于事等现象，运行效率明显降低。

对个人来说，过着平稳安逸的生活看似舒服，其实这种假性繁华背后危机重重。一个人每天无所事事，会逐渐变得贪图安逸，丧失勤劳、敬业等优秀品质。此外，经常享受美味食物却不从事辛劳的工作，体重会明显上升，威胁身心健康。

人活着必须与贪婪、惰性抗衡，才能迈向卓越。我们一直强调自律，说到底也是一种对抗熵增的努力。每个人都想自律，却只有极少数人可以做到，这似乎可以解释为什么世间大多数人都很普通。

生命的成长是不断对抗熵增的过程，生命以负熵为生。对每个人来说，让生活从无序到有序，以熵减对抗熵增，人生才能充满活力。

第一，摒弃固有思维，拥抱外界的新知识。

每个人身上都有惰性，大脑在固化思维的驱使下因循守旧，很难接受新鲜事物。显然，让大脑运作起来，思考陌生而复杂的问题，是一件困难的事情。如果任由这种情形发生，大脑就会退化，记忆力也会减退。积极接受外界给予的反馈，理解新生事物的来龙去脉，而不是逃避，我们才能让自己变得更优秀。

第二，远离舒适区，拒绝平衡状态。

喜欢待在舒适区是人的天性。由此不难理解，为什么很多人喜欢与自己妥协，降低要求。如果想让自己不断精进，一定要跳离舒适区，挑战高难度的目标，不断超越自我。当一个人主动打破平衡状态时，他就进入了颠覆式成长的赛道，开始变得卓越。

第三，聚焦进程，一次只做一件事。

许多人喜欢一边吃饭，一边看手机，结果吃饭完全是为了填饱肚子，而手机里那些碎片化信息让人越发焦虑。最好的选择是一次只做一件事，清空额外的干扰。这有助于我们高效工作，内心也会充盈富足。

薛定谔说：自然万物都趋向从有序变得无序，即熵值在增加。我们要克服人性弱点，通过自律变得优秀，拥有掌控自己时间和生活的能力。

请立刻停止精神内耗

今天，人们的工作和生活节奏越来越快，面对各种压力以及突如其来的变化，难免会陷入焦虑、不安的情绪中。如果过度消耗心理资源，人就处于一种内耗的状态，感到身心疲惫。

在企业管理中，内耗会降低团队效率。同理，一个人陷入精神内耗，会影响自己的精神状态、降低生活质量，甚至导致心理失衡。

心理学上有一个词语叫"反刍"，非常形象地说明了何为"精神内耗"。众所周知，反刍是指动物进食一段时间以后，将胃中半消化的食物返回嘴里再次咀嚼。在心理学中，"反刍"是指一个人反复思考某件事，结果出现负面情绪，最终影响到正常的生活状态。

陷入精神内耗的人，通常会对未来迷惘、焦虑，感觉做任何事情都没有意义。比如，看到同事辞职了，你也换到一家新公司任职，但是工作环境、福利待遇等反而不如上一家公司，于是失去了方向感，陷入纠结、自责之中，变得患得患失。

在年轻人群里，精神内耗现象比较普遍。如果持续虚耗生命的能量，一个人很容易精神萎靡、心理失控，不但无法在工作上有所建树，甚至连维持正常的工作状态也会变得困难重重。

那些比你优秀的人并非一路顺风，也会遇到种种挫折和不如意，甚至承受常人无法想象的压力。但是，他们内心强大，能够及时摆脱消极状态，不在无意义的人和事上浪费精力，从而展示出惊人的自我掌控力。

研究发现，摆脱精神内耗的最好方式是"别跟自己过不去"。学会与自己和解，回到解决方案上，而不是把精力虚耗在无谓的担忧上。

第一，不计较，心大了烦恼就少了。

《增广贤文》中说：用心计较般般错，退步思量事事宽。与他人计较，会增加矛盾；与自己计较，会加重心理负担。做人做事不必过分在意得失、输赢，懂得包容种种不如意，那也是一种人生智慧。学会与糟心的人和事握手言和，与自己和解，你的世界自然海阔天空。

第二，不奢望，才能心绪安宁。

一个人有梦想和追求是好事，但是不切实际的欲望会消磨宝贵的时间和精力，甚至令人心态崩溃。当一个人的能力撑不起内心的欲望时，焦虑和烦躁就会降临，内耗也随之袭来。生活本不苦，苦的是欲望过多。有智慧的人懂得控制自己的欲望，满足于过简单的生活，让生命的疆界变得宽阔。

第三，不纠结，让自己活得更通透。

世上本无事，庸人自扰之。一个人整天胡思乱想，内心执念太强烈，自然会心生苦闷，乃至陷入困境。许多人的生活一地鸡毛，一个重要原因是遇事想不开、看不透，于是各种烦恼接踵而来。学会通透地活着，人生大多数痛苦将烟消云散。

"穿透一切高墙的东西就在我们的内心深处。"许多时候，困住我们的不是逆境，也不是他人，而是自己的内心。停止精神内耗，学会及时止损，努力把自己活成一束光，才是最好的自我救赎。

让错误和懊悔 "到此为止"

莎士比亚曾经说过：聪明的人永远不会坐在那里为他们的损失而悲伤，却会很高兴地去找出办法来弥补他们的旧创伤。

人的一生中充满不幸和烦恼，你无法逃避，也不能左右它们，唯一可以选择的是勇敢面对，让错误和烦恼 "到此为止"。及时让不良情绪终止，不再左右你的心情，这种强大的情绪掌控能力是获得幸福快乐的密码。

当杰勒米·泰勒丧失了一切的时候——房屋遭人侵占，家人没有栖身之地，庄园被没收，他这样写道：

"我落到了财产征收员的手中，他们毫不客气地剥夺了一切，让我一无所有。现在，还剩下什么呢？让我仔细想想……他们留给了我可爱的太阳和月亮，温良贤淑的妻子仍在我的身边，还有许多为我排忧解难的患难朋友。除此之外，我还有愉快的心、欢快的笑脸。显然，没有人能剥夺我对上帝的敬仰，无法剥夺我对美好天堂的向往以及我对罪恶之举的仁慈和宽厚。我照常吃饭、喝酒，照样睡觉和休息，照常读书和思考……"

面对意外和灾难性的打击，泰勒仍然保持开心、快乐，绝不陷入情绪低落的状态，令人钦佩不已。在常人无法忍受的灾难中仍坚持快乐，这种坚忍、乐观的品性是每个人都应该追求的，这样的人生永远不会阴云密布。

因为能够正视困难，把生命中的磨难看作是对自己的锻炼，所以即使脚下布满荆棘，杰勒米·泰勒照样勇往直前。

生活中会遇到很多烦心事，很少有人真正感受到一帆风顺。不同的地方在于，有的人让烦恼戛然而止，寻求摆脱困境的方法；有的人沉浸在错误中，因为陷入痛苦情绪而无法自拔。

世界上存在这样一类人，他们似乎总能得到上天的眷顾——有着坚定的信念或理想，并且为之付出不懈的努力；最重要的是，上天每一次都会帮他们取得成功，这令人羡慕至极。其实，这类人之所以比其他人更幸运，在很大程度上要归功于其强大的内心。

一个人搭车回家，行至途中，车子抛锚。当时，正值盛夏午后，闷热难当。得知四五个小时后才可以启程，大家都开始抱怨，这个人却找了一个凉爽、平坦的地方美美地睡了一觉。车子修好了，他趁着黄昏的晚风，踏上了归程。后来，他逢人便说："真是一次愉快的旅行！"

内心强大的人，无论遭遇外界怎样的嘲讽，无论遇到多大的困难，都不会被轻易打倒。换句话说，他们在心理层面达到了一定的境界，因此总能从挫折、危机中挺过来，令人折服。内心强大的人意志坚定，不论遇到多大的诱惑或挫折都能淡然处之，依然固守着内心那份信念。

在他们身上，流露出的是坚定的意志、强悍的行动力，这样的人终究是战无不胜的。

聪明的人知道如何面对困难和烦恼，愚蠢的人往往会过重地看待烦恼和困难。让烦恼与困难"适可而止"，才能走出消极、悲观的世界，重获心灵自由。

果断地丢掉情感垃圾

每个人都渴望拥有幸福的人生，渴望享受天伦之乐，并追求健康长寿。为此，注重饮食、提升生活品质、关心天气变化等，就成了许多人日常生活的主题。除了这些因素之外，还有一点不容忽视，那就是排除情感垃圾，保持心理健康。

就像一座房子需要不定时地打扫，才能时刻保证房子的整洁和干净，定期清理内心的情感垃圾和负面情绪，才能活得舒心自在，做事才能有干劲儿。内心承载着太多负荷与压力，整个人会陷入亚健康状态，效率自然低下。

人总会经历伤心的事情，有忘不掉的人，有后悔的事情，有错过的时光，有失败的工作。回首过往的经历，总免不了唏嘘感叹。如果这些不良情绪被保存在心里，久久挥之不去，会严重损耗个人精力。

一个年轻人陷入了焦虑状态，他说："我之所以忧虑是因为我太瘦了，觉得在掉头发，觉得现在过的生活不够好，我很担心给别人的印象不好，总害怕无法做一个好父亲……"

他曾经历过精神崩溃，原因就是他很难接受生活中的不如意。他无法让内心静下来，希望赚很多钱，给未来的妻子和孩子带来美满幸福的生活，希望给所有人都留下好印象。

结果，他的精神压力越来越大，身体状况越来越差。后来，他患上了胃溃疡，内心的忧虑也随之加重，甚至因担心自己会死掉而辞去工作。

这个年轻人的情感垃圾太多了，却无法将它们消除，因此每天生活得很痛苦。

最后，他决定去佛罗里达旅行。可是，站在一个完全陌生的地方，他仍然没能摆脱坏情绪的困扰，甚至比在家乡的时候还要烦躁不安。

这时候，他收到了父亲的信："我相信，无论身体还是精神，你都没问题。之所以会这样，是因为你把生活想象得太理想化了，内心的情感垃圾太多了。"

在教堂里，神父对年轻人说："能征服精神的人，强过能攻城略地的英雄。"这时，他才认识到坏情绪的根源。第二天，他果断离开佛罗里达回到家乡，重新做回了自己以前的工作。不久，便与深爱的女友组建了家庭。

消极、负面的情绪是人生路上的绊脚石，应该果断地清理掉，你才会轻装上阵，走得更快更远更轻松。对失恋的人来说，既然已经无法牵着爱人的手，那就果断放开，虽然会很痛，但是抓在手里会更难受。

生活中，许多人抱怨压力大、忧愁多。这表明：他们在精神生活中背负着许多不必要的"重物"，因此对生活和工作倍觉辛劳、无趣。人生在世，生活与工作是绝不轻松的，因为它们本身就意味着一种承担和责任。这时候，如果再额外加上不必要的精神负担，日子就很难过了。

选择放下就在一念之间，但是这一念之间决定的事情，会影响自己当下的状况，甚至影响未来一生。放下那些没用的东西，会减轻负担，让内心多一些快乐，少一些忧虑。当一个人净化了内心以后，整个人生也会明亮起来。

在波平如镜的河面上怎会映不出明月，在万里无云的天空怎能没有阳光普照。显然，让自己的心情像风平浪静的水面，让自己的思想像碧空万里的蓝天，而不被负面体验干扰，生命里才能多一丝亮色和喜悦。

唯有自律才能变得更强大

人体内有一个生物钟，它与现实生活中的时钟原理相同，都具有报时的功能。不同的是，时钟向人们报出的是时间，而生物钟向人们报出的是该做某件事情的信号。

对一个有午休习惯的人而言，每到午休时间，他的生物钟就会通过犯困、疲惫等生理反应，发出午休的信号；经常锻炼的人，如果没有及时做运动，生物钟会通过心理暗示提醒他该去锻炼了；到了吃饭时间，生物钟会通过饥饿来提醒人该吃饭了……

生物钟的形成与一个人的生活习惯息息相关。可以说，生物钟就是人类对习惯的记忆。任何事情有规律地坚持一段时间之后，就会形成习惯，并成为生物钟。想要形成自律的生物钟，需要从以下几点着手。

第一，让自律变成一种习惯。

让自律变成一种习惯，这就要求人们在生活中经常使用自控力。比如，当你想向诱惑屈服时，就要发挥自控力的作用，不要给自己任何放纵的理由，必须运用自控力抵御住诱惑。时间一长，就会习惯性抵御诱惑。如此一来，自律就变成了一种习惯。

很多家长认为爱孩子就是满足他的一切愿望。当要求得不到满足时，孩子便会大哭，想通过这种方式达成所愿。而家长见到孩子哭，就像是被踩到尾巴的猫一样，慌手慌脚，方寸大乱，毫无原则，什么要求都答应。

时间久了，这样的生物钟就形成了，孩子想要做什么，即便家长不同意，他们知道只要大哭，家长便会乖乖地答应。等到孩子长大了，提出的要求超出家长的能力范围时，家长又该怎么办？孩子又会有什么样的行为呢？因此，对于任何人而言，让自律变成一种习惯都是非常必要的，因为任何人都不能为所欲为。

第二，针对某一方面培养自控力。

由于每个人的生活轨道不同，可以有针对性地培养自控力。比如，团队领导者除了有明辨是非的能力之外，还必须有海纳百川的肚量，即便别人提出的意见具有批判性，也要理性地分析。而客服工作者，则需要培养耐心听取客户投诉的自控力。工作不同，培养自控力的侧重点也不同。

第三，不放纵自己，不破坏生物钟。

千里之堤，溃于蚁穴。很多时候，好习惯被放弃都是因为一时的放纵。好习惯如果一直坚持，并不会觉得有什么不舒服，可是一旦改变，就很难再恢复。

如果你想完成人生进阶，让自己变得更优秀，万万不可放纵自己。在日常生活中养成自律的习惯，每天按照既定目标行动，就能在日积月累中成就非凡的自我。

想要形成自律的生物钟，先要形成自律的习惯。一旦习惯形成，就不要给自己找任何借口来破坏这个习惯。

不要永远背着仇恨袋

仇恨来自多个方面，也许是遭到了对方侮辱、打击，也许是亲人或朋友遭受了诋毁。因为受到外界攻击而愤怒，进而产生仇恨情绪，是正常的情绪反应。但是时过境迁之后，就不要背着仇恨袋，那是一种负荷。

哲学上讲究辩证法，凡事都可以转换。别人说了什么，做了什么，如果有积极的意义，可以关注一下；如果别人给了你一个仇恨的袋子，让你无法呼吸，还是趁早扔掉为好。把有限的精力投入到有意义的人生中去，才是正确的选择。

在西方社会，流传着这样一个寓言。富翁有三个儿子，日子一天天过去，孩子长大了。他决定将财产全部留给其中一个儿子，究竟给谁呢？最后，富翁想了一个办法，让三个儿子去游历世界一年，谁能做成最高尚的事，就可以继承自己的财产。

三个儿子照着父亲的话去做了，并在一年之后回到家里。这一天，富翁把三个儿子召集到一起，让他们讲讲这一年都经历了什么。

大儿子得意地说："我到一个贫困落后的小村庄旅行时，碰到一个乞丐掉进河里。于是，我奋不顾身地跳进河里，将他救起，还给了他一笔钱。"

二儿子不甘示弱地说："我在游历的时候遇到一个陌生人，他十分信任地将钱财交给我保管，结果意外身亡。但是，我没有独吞那份钱财，而是全部还给了他的家人。"

富翁听了点点头，又问三儿子遇到了什么事。

三儿子说："我没有遇到哥哥们的事情，我一出门就碰到了一个坏人。他想抢我的钱，一路跟着我。经过悬崖时，我看到他正在崖边的树下睡觉。当时，我只要一脚把他踹下去，就可以免除麻烦。但是，我放弃了，转身离开。后来，又担心他会跌落悬崖，于是回去把他叫醒了。这算不算高尚的事情呢？"

富翁听完说："见义勇为、拾金不昧都是道德赋予每个人应该做的事情。而有机会报仇却放弃，还能够帮助仇人，这才称得上是高尚的行为。"

于是，三儿子继承了富翁的财产。不过，随后三儿子就把财产平分给了两个哥哥，得到富翁称赞。

别让生活中的误解和矛盾打扰你，更不必为此耿耿于怀，甚至对他人怀恨在心。人生就是不断地赶路，何必背着那么多仇恨的袋子呢。宽容伤害你的人，甩掉内心的怨气，做到微笑前行，你会成为最快乐的人。

不让仇恨的情绪缠绕你，最好的办法就是将其转化为一种包容心理。战胜敌人不是最大的胜利，感动对方、化敌为友才是大智慧。法国大文豪雨果曾说过：世界上最宽阔的是海洋，比海洋更宽阔的是天空，比天空更宽阔的是人的心灵。一个能够放下仇恨袋子包容他人的人，不管在任何地方都会交好运，并拥有美满的人生。

在生活中，放下仇恨，学会包容，是一种至高无上的美德。它洗涤人的心灵，帮我们跨越河流、山川，获得新生。

◆

第 03 章

破壁逻辑

别沦为"安全感"的奴隶

　　你还蜷缩在内心的安全区域吗？停留在"舒适区"固然很舒服，但也意味着你不再进步。从今天起，别再做"安全感"的奴隶，勇于突破自我才能拥有成长力。

别再贪恋"舒适区"

何为"舒适区"？它是一个你再熟悉不过的套路和生活模式。每个人都有自己的心理舒适区，它是难以改变的习惯，或者不愿变化的状态，也可以是习以为常的嗜好。

有一个农户养了一只羊，这只羊非常强壮，把羊圈拱坏了。随后，农户垒了一个更结实的羊圈，不久又被拱坏了。最后在其他村民的建议下，这个农户在羊圈的周围拉了一个电网。

那只羊又开始拱羊圈，但是碰到电网立刻缩回来。等了一会儿，它又拱又被电了回去。连续几次后，羊再也不敢碰那个电网了。从此，这只羊再也不敢乱拱，不敢往外跑了。后来，农户把电闸关掉，这只羊也不敢再去触碰电网。

与其说这只羊放弃逃跑是因为惧怕电网，不如说是电网让它形成了惯性思维，即使断电以后，它依然觉得那个铁丝网不能触碰。在羊的认知里，羊圈的范围成了"舒适区"，住在里面很安全，所以它再也不敢跑了，也不想跑了。

生活中，大多数人都是那只"羊"，停留在自己的"舒适区"，不愿意改变。然而，如果你想有所作为，必须勇于作出改变，虽然第一步异常艰难，甚至需要你付出代价。

研究表明，人与人之间的心理舒适区存在极大的差异。对有的人来说，与紧张的工作环境相比，温馨宜人的家庭空间是他们的"舒适区"；

而对另外一些人来说，持续、稳定的工作才是心灵安定的源泉，工作是"痛"并快乐的，解决工作中的问题是他们的舒适区。

不管差异如何，舒适区都表现出正面和负面两种作用。

从正面来看，舒适区首先是一种认知模式，能帮助人们维护自我形象，建立心理防御屏障，起到避风港的作用。其次，舒适区是自我调节器，有稳定情绪的作用。最后，舒适区决定了人对外界信息的接纳度。

从负面来看，沉溺于舒适区的人往往不思进取、故步自封。在日常行为上，主要表现为懒惰、松懈、倦怠和保守。久而久之，他们会感到迷茫和无助。因为对现状满意度高，生活在舒适区的人既没有强烈的改变欲望，也不会主动努力，觉察不到任何真正的压力。他们缺乏应有的危机感，甚至产生自我麻痹的心理。

跳离舒适区需要付出努力，而沉迷舒适区也会付出代价。许多人意识不到这一点，往往在醒悟之后痛心疾首。

19 世纪末，美国康奈尔大学的科学家做过一个"温水煮青蛙"实验。科学家将青蛙投入已经煮沸的开水中，青蛙因受不了突如其来的高温刺激，立即奋力从开水中跳出来，最后成功逃生。科研人员把青蛙先放入装着冷水的容器中，然后再加热，结果就不一样了。开始的时候，青蛙会因为水温的舒适而悠然自得；后来，当它发现无法忍受高温时，已经心有余而力不足，不知不觉在热水中丧失了行动力。

显然，一个人留在舒适区的时间越长，难以改变的惰性越大。当你太久没有作出改变，会丧失立即行动的能力和自信。反之，如果你持续追求新的目标，则会越来越愿意尝试作出改变。

那些热衷变革的人，或者心理承受力强的人，习惯跳离眼前的舒适区，发现更广阔的世界，寻求更多的机会。而对世界的变化秉持戒备态度的人，大多思想僵化，或者心理承受力差，他们贪图眼前的舒适区，丧失了自我成长和发展的机会。

努力扩展你的思维疆域

生活如同一条河流，有时候我们感觉自己陷入了困惑，是因为在思想源头上出现了问题。如果不能对思维有一些基本的认识，就很难有效地认识自己。因此，有必要正确认识思维的科学内涵。

思维是"在表象、概念的基础上进行分析、综合、判断、推理等认识活动的过程"。通常，我们感受到了事物 X 并形成事物 X 的印象 Y。或者说，思维建立了事物 X 和印象 Y 的（因果）联系。

例如，看到雨后树林，不同人会产生迥异的思维。对北方人来说，那是春天难得的雨后清新；对南方人来说，那是梅雨季节的回忆。

显然，思维处理信息的过程是结合我们已有的经验，通过再现形成对事物的认识。而正是这种结合经验性的认识，造成了人们思维疆域的局限性。

一位心理学家曾经说过：我们通常只看到自己想看到的事物，只能听到自己想听到的事物。可见，一个人的经验所导致的成见，极大地桎梏了思维，造成了认知上的偏狭。许多时候，"思维所感受到的"是"事实"的一部分，并不是全部"事实"，而且这部分还不一定正确。因此, 科学、全面地认识事物需要意识到感知的局限性。

在一条狭窄的山路上, 一个货车司机正在爬坡。已经开了三个小时, 他有点昏昏欲睡。快到坡顶的时候, 迎面来了一辆车, 车上的司机伸出头, 对他大喊一声: "猪!" "呜" 的一声, 两车擦肩而过。

货车司机一下子清醒了, 马上伸出头, 冲着车的背影大声骂道: "你才是猪! 你是世界上最大的蠢猪!" 他得意地回过头, 猛然发现前面是下坡路, 路上有一群猪。结果, 他刹车不及, 掉到沟里去了。

在上面的故事中, 货车司机的大脑里运转着一套特定的程序。当他接收到 "猪" 这个信息的时候, 头脑中立刻构建出来一个 "对面司机骂我是猪" 的世界, 于是他勃然大怒, 立刻辱骂对方。结果, 货车司机形成了错误的认知, 失去了躲避危险的机会。

其实, 对面的司机是在提醒 "小心前面的猪", 货车司机理解失误, 给自己造成了不可挽回的损失, 因为他的大脑构造了一个错误的世界模型。毫无疑问, 这个错误的世界模型就是思维里的墙。

虽然我们同在一个世界, 但是每个人看到的世界完全不一样, 进而造成我们在决策、行动等方面的巨大差异, 带来迥异的结果。意识到思维这堵墙存在以后, 我们就应该主动拆掉它, 改变自己看世界的方式, 不断扩展自己的思维疆域。

思维疆域为什么会存在呢? 这堵墙存在的价值, 就是为了获取安全感, 表现为生活上的安全感、工作上的安全感、爱情上的安全感等。安全感是自我给予的, 如果试图从外界获取, 最终将被恐惧摧毁。

一位哲人曾经说过: 世界是你眼里的世界, 改变自己的眼界, 你就改变了整个世界。科技不断发展，固化的认知方式难以适应社会的发展。我们唯一能做的就是扩展自己的眼界，多听、多看、多问，努力跟上时代前进的脚步。

克雷洛夫说："现实是此岸，理想是彼岸，中间隔着湍急的河流，行动则是架在川上的桥梁。"没有行动，万事难成，如果你想拆掉思维这堵墙，请积极行动起来，以乐观、接纳的心态重新认识这个世界，破除对事物、对他人的成见。

走出自我设限的人生

在昆虫世界里，跳蚤也许是最擅长弹跳的动物了，它跳跃的高度可以达到自己身高的 100 倍。然而，一旦受到外界条件限制，跳蚤的弹跳能力就会急剧萎缩。为此，科学家做了一个实验。

普通跳蚤一般可以跳 30 多厘米，把 5 只跳蚤分别放在高度为 10 厘米、15 厘米、20 厘米、25 厘米、40 厘米的透明玻璃罩内。这样喂养几天之后，拿去玻璃罩，会出现这样的结果：10 厘米玻璃罩内的跳蚤已跳不过 10 厘米，15 厘米玻璃罩内的跳蚤已跳不过 15 厘米，20 厘米玻璃罩内的跳蚤已跳不过 20 厘米，25 厘米玻璃罩内的跳蚤已跳不过 25 厘米，只有 40 厘米玻璃罩内的跳蚤才保持了跳跃 30 多厘米的正常水平。

由此，科学家得出结论：具备同样跳跃能力的跳蚤受到外界条件限制，为了适应环境会自动对自己的生理机能进行修正，于是那些特殊才能受到抑制，不再是一种生存优势。并且，即使外界环境中的制约因素消失，它们的特殊才能也无法再显现出来。不过，它们的后代仍能显示这些特殊才能。

显然，跳蚤的内部基因组成并没有发生质的变化，变化的只是它们心理上多了特定的自我限制。人们把跳蚤这种受到外界环境限制，出现的能力受限或消失的现象，称为"自我限制效应"。

生活中，不但昆虫存在自我限制的情况，人类同样也具有这种自我限制效应。"我不可以""不能够"充斥在我们的生活中，许多人隐藏了个人潜能，每天过着"跳蚤人生"。

年轻时意气风发，屡次尝试追求成功，但是往往事与愿违。几次失败以后，他们便开始抱怨这个世界的不公平，或者怀疑自己的能力。然后，他们放弃继续追求成功的努力，一再降低成功的标准。即使原有的一切限制已取消，也不再大胆追求成功，而是甘愿忍受失败者的生活，这种选择令人叹息。

一番努力之后，如果没有获得期望中的回报，人们会选择安逸的生活，停留在自己的舒适区。工作、生活原地踏步，不追求更高的奋斗目标，也不敢尝试作出改变。在内心深处，这些人已经默认了一个"高度"，他们不断地暗示自己：成功是不可能的，停留在舒适的地带就可以了。

毫无疑问，如果无法逾越心理高度、打破自我设限的习惯，我们注定会在原地困守一辈子。这样的日子虽然安逸，却少了奋斗的激情、成功的惊喜。如果想有更大的作为，尝试不一样的人生，必须大胆走出自我设限的人生。

首先，转变观念，大胆作出改变。打破自己的思维定式，才会重新思考人生。过去并不等于未来，成功就在下一次，勇敢翻越思想的樊篱，才能在行动上突破自我。

其次，学会积极的心理暗示，做一个乐观的人。成功学大师拿破仑·希尔说：积极的心态是保持心灵的健康，它能吸引财富、成功、快乐，远离一切疾病；消极的心态让心灵堆满垃圾，不仅排斥财富、成功、快乐和健康，甚至会夺走生活中已有的一切。

艾莉诺·罗斯福说：未经你的同意，没有人能使你感觉卑微。人所能到达的高度，就是人在心理上为自己设定的高度。假如你认为自己是一个平凡的人，那么你的一生就注定平平淡淡；假如你认为自己是一个出类拔萃的人，那么你一定可以取得非凡的成绩。

请保持一颗"好奇心"

提到"好奇心"，人们经常将这个词与孩子联系在一起。身处大千世界，一切都值得我们去探求、发现，好奇心是人生力量之源。不必在意世界的规则，保持纯真与执着，那是我们与世界最初的相处方式。

然而随着年龄增长，好奇心会一点点丢失，成人世界里很少有人以好奇心为荣。人们经常听到的劝诫是：做好眼前的事，差不多就行了，想那么多干吗？于是，我们在外界的压力下循规蹈矩，被动接受这个世界的评价系统；我们要合群，按部就班做世俗认可的事情，追逐世人眼中的幸福与成功，否则会被贴上奇葩、异类的标签，遭到排挤和嘲笑。

为何有的人活得热情全无、把人生过得千篇一律，却仍然有一种莫名的优越感？他们过得并不幸福，重复着枯燥的生活……却理直气壮地指责那些有梦想，并为之拼搏努力的人。其实，他们的优越感一部分来自大多数人遵从的安全感，一部分是虚张声势地自欺欺人。在内心深处，他们对现状充满了焦虑和惶恐，对自己感到无能为力。

有的人有勇气活成自己想要的样子；而有的人挣脱不了现实的泥淖，害怕冒险和失败，便越发洋洋自得地守着眼前的井口，取笑天上翱翔的雄鹰。

人天生就有好奇心，对新鲜事物感到莫名的渴望，随时准备着一探究竟。拥有好奇心的人对身边的人和事始终保持着热情。居里夫人说：好奇心是学者的第一美德。科学家保持一颗好奇心，才能探索未知领域。在取得成果之前，他们的工作很枯燥，但是在好奇心的驱使下很享受这种探索的过程，甚至乐此不疲。

许多伟大的科学家、艺术家都是充满好奇心的人。牛顿对坠落的苹果产生好奇，于是发现了万有引力；瓦特对烧水壶上冒出的蒸汽十分好奇，最后改良了蒸汽机；伽利略看吊灯摇晃而产生好奇心，发现了单摆。

好奇心是人们学习的内在动机，是寻求知识的动力，也是一个人拥有创造性的重要体现。一般来说，好奇心越重，人的潜能越容易发挥出来，生存能力也越强。

然而，人们也经常说"好奇心害死猫"，对赌博、吸毒等不良生活方式请勿尝试。它们不仅危害个人身心健康，还会危害社会。总之，保持好奇心需要对新生事物持开放的态度——乐于了解新技术、前沿思想，但是一定要在合理、合法的范围之内。

那么，如何保持好奇心呢？一个简单的方法是不断地提问，比如"杯子为什么是圆的""为什么杯子要做成透明的""为什么大家喜欢陶瓷杯""为什么杯子要做这么大""为什么杯子这么高""为什么杯子不能做厚一点"等等。

打开好奇心的大门，离不开兴趣。只有不断开阔自己的视野，不断增加新的兴趣点，对知识充满渴望和诉求，才能对身边的人和事充满探索欲，产生浓厚的兴趣。

此外，不断提高自我，不停地往前走，到达新的人生高度，极大地扩大视野、格局，也有助于增强开拓意识，不断实现人生突破。好奇、学习、提高、发现……生命不息，奋斗不止，这样我们就能一直保持年轻旺盛的心态，让人生充满了力量。

不断尝试新事物，保持一颗好奇心，用孩子的眼光看待这个世界，我们的学习、生活和工作就会充满乐趣。拥有好奇心的人，更容易对身边的人和事充满热情，让生命多姿多彩。

别让"设定"操纵你的人生

一位学生愁云满面地对自己的导师说："老师，我最近很纠结。"

老师问道："为什么？"

"有人说我是天才，日后必将大有作为；有人说我是名副其实的蠢材，将来不会有什么作为。老师，您说我到底是天才还是蠢材呢？"

"你认为自己是天才还是蠢材呢？"老师问道。

"我也有些困惑了。"学生一脸茫然地说。

老师语重心长地说："如果你自己都感到困惑，那么我就更无从判断了。不过可以肯定的是，无论别人怎么评价你，你永远是本来的样子。如果你的发展完全取决于别人对你的评价，没有自己的人生规划，那么你就是一个傀儡，不会取得任何成就。"

随后，老师谈起了自己早年的一段经历。

上小学的时候，有一次他考了第一，得到了老师赠送的一本世界地图册。他很开心，整天捧着地图册研究。一天，父亲让他帮忙拔草。他一边拔草，一边研究地图，结果把庄稼和草一起拔掉了。

父亲大怒，训斥道："整天捧着地图研究什么？"他委屈地说："我在看埃及在哪儿，等我长大了一定要去埃及。"父亲听完更生气了，说道："什么？你还想去埃及？别做梦了，你这辈子都不可能去那里！"

当时，他并不服气，心想："父亲怎么会给我下这么奇怪的定论呢？难道我这一生真的没有能力去埃及吗？"20 年后，他第一次出国就选择了去埃及。很多人对此表示疑惑，他说："因为我的人生不能被别人设定。"

我们每天都要接触很多人，包括父母、同学、陌生人等，他们的言行和思维或多或少都会影响到我们。但是，我们的生命要靠自己雕琢，不能让别人设计。那些人生由别人设计，并且照着别人的设定生活的人，大多碌碌无为；只有对人生充满想象的人，才能不断超越自己。

很多人羡慕那些衔着金汤勺出生的人，他们一出生就被父母安排好一切，按照既定的步骤安稳地前进，不用自己拼搏，不用历经风雨。但这真的是一种幸运吗？其实，将自己的人生完全交给别人安排，并不值得羡慕，因为我们无法依靠他人一辈子。

让别人操控自己的人生，会彻底失去自由。无论别人能够帮我们多少，最终上路的还是我们自己。那么，如何避免"映射"影响自己的人生呢？

第一，排除杂念，秉持坚定的信念。

无论是凡夫俗子还是盖世英雄，总有遭人批评的时候。事实上，一个人越成功，随之而来的非议也会越多。此时，真正勇敢的人会排除杂念、秉持信念，勇往直前。

沉下心来做好每件事，按照既定的原则行事，才能逐步接近成功，从而成就非凡的人生。

第二，敢于冒险，突破自我。

世界到处是机遇，也到处是风险，想要活出不一样的人生，必须具备随时迎接挑战的心理素质。无论眼前的境遇多么糟糕，都不必忧虑，大不了从头再来。生活中没有那么多值得畏惧、担忧的事情，情商高的人勇于抗争到底。

每个人都要对自己的人生负责。如果你活在他人的"设定"中，那么请及时苏醒吧。自己设计自己的人生，才不负美好年华。

如何克服思维惰性

昨天就应该完成的工作，结果犯懒拖到了今天；上周末就该大扫除，结果都到这周末了，依然不想做……几乎人人都有过类似的拖延经历。其实，这是思维惰性在作祟。

懒惰是人性的组成部分，在潜意识里，人都是好逸恶劳的，表现出来就是各种各样的拖延症。从心理学角度来讲，拖延往往会让人背上沉重的心理负担——悔恨、愧疚、压力、烦躁、不安……如果想远离这种糟糕的状态，就必须战胜思维惰性，养成主动行动的好习惯。

杰克在周一上班的路上，就做好了一天的工作规划：上午做月度总结，下午草拟下个月的财务预算。

9 点，他准时到达办公室，打开电脑登录社交软件，自动弹出的新闻中有一条很有趣的消息，他情不自禁地点开阅读，不知不觉就看了 20 分钟。好不容易要开始写月度总结了，却发现办公桌上堆满了文件，杂乱无序的办公桌十分影响心情，于是他又花了十几分钟收拾桌面。

月度总结好不容易开了头，这时一个投诉电话打过来，杰克又放下手头的工作开始处理投诉。等处理完投诉已经 11 时许，马上要吃午饭了，他想反正月度总结也写不完，索性看看网页……

结果一整天过去了，早上计划做的工作还处在搁置状态中，只能等第二天上班再做了。

其实，杰克的工作状态是很多职场人的真实写照。拖延已经成了当今职场人的通病，而克服拖延却十分困难。

想要战胜心理上的惰性，彻底摆脱拖延症，就必须先了解造成拖延的因素。相关研究者认为，最可能引起拖延的心理成因有以下四点：对成功信心不足，讨厌被他人委派任务，注意力分散且容易冲动，目标与实际的酬劳差距太大。

那么，怎样才能远离拖延，养成积极主动的行为习惯呢？

第一，坚决不逃避。

随着互联网、智能手机、平板电脑等快速普及，人们的消遣方式越来越多，越来越方便。当遇到难以解决的问题，面对枯燥无味的工作时，人们常常会本能地选择逃避，而网络所提供的各种娱乐，就成了人们躲避的"乐园"。

逃避不能解决问题，只会让问题更严重。所以，不管面对怎样的困难和挫折，都要勇敢面对，要用强大的意志力战胜惰性，戒除拖延。

第二，立即行动起来。

如果人总是处于空想或思虑状态，那么自然会变成"思想上的巨人，行动上的矮子"。在现实生活中，空想与拖延往往是一对双生姐妹花，如果做事总是瞻前顾后，前怕狼后怕虎，那么行动难免拖拖拉拉。

提高行动力是战胜思维惰性的一个有效办法，我们不妨有意识地强化行动观念，以免被毫无根据的空想、幻想阻碍行动。

第三，培养探险意识。

好奇心是人们行动最原始的驱动力，我们要保持对新鲜事物的好奇心，有意识地培养勇敢、无畏的探险意识。可以有针对性地参加诸如跳伞、蹦极、攀岩等有探险性质的活动，这有助于我们养成迎难而上的行动习惯，对克服思维惰性、改变固化思维有很大帮助。

　　莎士比亚说：放弃时间的人，时间也会放弃他。如果不能战胜思维惰性，那么等待我们的将是无休止的拖延和没有止境的恶性循环。从今天开始，告别得过且过的拖延生活，积极行动起来吧！

| 第04章 |

◆

演说逻辑

会讲故事的人掌控一切

爱听故事是人类的天性。无论在什么场合，故事总是胜于雄辩，情感总是胜于逻辑。获取影响力的最佳方式就是讲好故事。

讲故事让你更有影响力

几千年来，人类一直用故事、传奇、神话和寓言传承精深的智慧。借助生动的故事，听众在脑海中绘出一个个丰富的形象，学会了做人做事的道理。

今天，讲故事这门古老的艺术不再局限于日常生活中，越来越多的商业领袖正在利用故事的魔力激发团队战斗力，领导一场又一场大刀阔斧的改革。

有一次，IBM 创始人沃森没有佩戴胸牌，结果被公司的门卫拦住了。随后，沃森自觉取来胸牌，戴上它才进了公司的大门。显然，这位董事长在用自己的亲身经历向所有 IBM 人传递一个理念：所有人都必须遵守企业的规章制度。

在美国惠普公司，也有一个广泛流传的故事，即"惠利特与门"。这一天，惠普的创办人之一惠利特发现通往储藏室的门被锁上了，于是他把锁撬开，并在门上贴了一张便条：此门永远不再上锁。这个故事无疑向所有惠普人传达一个价值观：惠普是重视互信的企业。

在轻松愉快的氛围中，演说者借助故事能够取得潜移默化的宣传效果。

讲故事是一件轻松的事情，既可以达到娱乐的效果，也能激发活力。通过故事，人们能够厘清复杂问题，明白事理，进而改变认知。在沟通过程中，故事本身既没有对抗性，也不存在层级制度，容易让听故事的人融入其中，付出真挚的情感。

虽然讲故事的能力日益受到重视，但是在过去很长一段时间里，人们对讲故事的评价并不高。柏拉图在《理想国》中认为，诗人和讲故事的人是危险人物，认为他们把不可靠的知识灌输到儿童的头脑中，因此应受到严格审查。此后几千年来，人们对讲故事这种形式一直争议不断。

如今，个体的价值与潜能不断受到重视，讲故事成为激发个体能量的重要手段。演说者与听众互动的过程中，通过讲故事可以将听众的思维融入生动有趣的情境中，引导他们形成全新的价值观，从而接受特定的信念。

故事的强大影响力在于，如果听众主动思考故事的意义，他们的思维就一直跟着往前走。在演说者的引导下，听众会产生强烈的心理共鸣，从而有效提升团队的执行力，或者有效激发组织变革。

每一次进入故事语言的神奇世界，听众在观念、价值观等方面都会得到扩展，并由此获得一种新的认知方式。在这个过程中，听众理解了主旨，集体意识得以迸发，心中形成了共同的愿景。

讲故事能深入每个人的心灵，影响他们思考、忧虑、迷惑、痛苦以及对人生的规划，并在这个过程中影响他们开展创造性的工作或重塑组织。

如何讲好一个故事

毫无疑问，在网络时代讲故事是一项重要能力。故事不仅是一种沟通方式，也是一种思维方式。在故事的帮助下，我们可以更有效地激发、说服和影响他人，从而解决问题，实现目标。它适用于各个领域，比如日常网络社交、工作场所管理、市场营销等。

很多人都有这样的经历：自己试图说服对方，用长时间的说教来压制对方，从而证明自己是对的，结果往往事与愿违。自己干涩地讲道理，对方不愿意听，或者只听却不思考，沟通的效果大打折扣。但是，用讲故事的方式就不一样了，瞬间就能拉近彼此的距离，快速建立信任关系。

人类在漫长的演化过程中，主要依靠有限的个人生活经验和倾听他人的故事学习知识、了解世界。听故事和讲道理相比，前者更符合大脑接收信息的模式和习惯，也更能满足人们的认知和情感体验，从而更容易让人找到生命的意义。

那么，如何讲好一个故事呢？怎样通过讲故事实现心中所愿呢？

第一，保持积极的生活态度。

事实上，讲一个好故事并不难，关键是成为一个热爱生活的人，始终保持积极乐观的心态。人生的未来掌握在自己手中，故事只是你对生活的理解和感悟，最重要的是保持正能量，发现生活的动人之处，进而影响更多的人。

第二，从生活中发掘故事素材。

故事来源于生活，而好故事是一种生活化的艺术表现形式。故事生动形象，让人们在平淡的日子里感受到人生的美好、生命的价值。平常多读书、多观察、多思考，积累故事素材，关键时刻就能派上用场。另外，在创作故事的过程中，可以运用生活中的形象，从而增强故事的魅力。

第三，保持一定的阅读量。

能讲故事的人有一个共同的特点：热爱读书，喜欢分享。如果你想讲述一个十分精彩的故事，必须有一定的阅读量。见多识广的人更能发现故事的精彩与动人之处，然后娓娓道来，分享故事中蕴含的哲理与智慧。如果你想成为一个会讲故事的人，一定要加大阅读量，有大量的故事作为基础，即使没有什么可说的，心里也会有现成的储备。

第四，善于通过讲故事解决问题。

讲故事是一种实用的技能，它可以简化许多难题，减轻他人和自己的尴尬。换句话说，讲故事不仅是一种有效的交流方式，而且是一种改善生活的技巧。许多人已经发现了讲故事的独特魅力，把讲故事作为一项能力，应对未来世界的变化。

学习讲故事需要从你的生活中寻找、选择素材，这里面包含了你的经验和常识。此外，讲故事的人需要根据不同的情境变通叙述的方式，从而取得圆满的效果。

故事思维是一项优秀技能

不同于理性思维，故事思维强调情感。人们通常都厌恶枯燥的数据和说教，喜欢生动有趣的故事，因为后者更有人情味儿，能够直抵人心。

比如劝诫酗酒的人，生硬地讲道理不容易让其接受，因此这种方法的成功率很低。如果给酗酒者分享亲身经历，用讲故事的方式打动人心，往往能取得良好的劝说效果。

故事思维是一项优秀技能，借助丰富的想象力，我们可以吸引他人的注意力，在社交中活跃场面，引导众人的情绪。培养故事思维，需要熟练掌握以下六个原则。

第一，从整体上掌握情节和篇幅。

故事必须包含完整的情节，否则只是一个故事概要或梗概，无法吸引听众的注意力。实际上，故事的迷人之处就是扣人心弦、紧张刺激的情节，如果缺少这些元素，讲故事就失去了应有的意义，无法引起听众的共鸣。

第二，用生动的细节俘获人心。

一个好的故事必须有一个或多个生动的细节。"细节决定成败"，完全适用于讲故事。会讲故事的人擅长用细节俘获人心，让听众通过脑补画面真正融入故事中去。为此，讲故事的人必须掌握丰富的词汇、鲜明的演说技巧，用生动的细节刺激听众的感官。

第三，设置悬念，牵动听众的心。

悬念是最古老的讲故事技巧之一，它能牢牢把握听众的注意力。为什么许多人喜爱传统评书，因为它处处设置悬念，让人的注意力一刻也不能离开。会讲故事的人懂得在关键之处设置悬念，让听众紧紧跟随，无形之中接收演说者的价值观、理念。

第四，为听众呈现丰富的画面感。

听众在听故事的过程中，会在大脑中勾勒出相应的图画，进行丰富的联想。讲故事的人可以使用画面感比较强的词汇，或者影响力大的网络流行语，引导听众进行想象。

第五，一定在情感上引起听众共鸣。

达尔文曾说过：全世界人类表达感情的基础模式几乎都是一致的。早在文字、符号甚至简单的口头语言产生之前，人类就已经熟练地运用一系列动作、表情传递情感。毫无疑问，情感是有温度的。讲故事的时候，博取听众的同情心，激发其对失去美好事物、生活的恐惧感，用相同的经历引起共鸣，就可以有效说服听众。

第六，提炼和升华故事的理念。

经验表明，如果演讲者在故事结束后没有进行总结，也没有任何指导或暗示得出一些结论，总会让人觉得缺点什么。讲故事一定有特定的目的，需要传达一个道理，这就是讲故事的人需要提炼和升华的东西。

会讲故事的人更懂得如何与人沟通，并取得圆满的效果。任何时候，故事都是一个人对事物的主观诠释，包含特定的价值观与人生理念。故事思维可以引导我们真诚、有效地与听众达成共识和建立信任，从而完成一次学习和分享之旅。

没实力就没人听你说话

阿基米德说：给我一个支点，我能撬动地球。这句话不知道鼓动了多少人。然而，只有一股激情和冲动，却没有展翅高飞的本领，通常会跌得头破血流。

不可否认，做人要有出众的口才，但是在真正的竞技场上从来都是靠实力说话。无论在团队中指引方向，还是在重要场合发声，你都要成为思路宽广的人，对行业本质有清醒而深刻的认识，具有真知灼见。否则，即便你讲故事的能力再强也没人耐心倾听。

20世纪初，英国一家公司独霸了我国的碱市场，让处于起步阶段的我国民族化学工业举步维艰。1918年，我国第一家制碱企业"永利制碱公司"挂牌成立，总经理范旭东踌躇满志，决心突破英国人的封锁。

为了获得相应的技术，范旭东特意来到英国公司考察，不料傲慢的英国人竟故意把他带到锅炉房，轻蔑地说中国人根本不配前来参观考察。

面对英国人的刁难，范旭东立下誓言：不研制出自己的品牌，我就不是中国人。随后，他率领技术人员进行了长达八年的艰难实验，终于在1926年独立研制出优质的"红三角"牌纯碱，受到消费者的热烈欢迎。

看到这种情况，英国人恼羞成怒，立刻调集了一大批纯碱，以原价40%的超低价格向我国市场倾销，企图一举击垮"红三角"牌纯碱。

面对竞争对手的打压，范旭东保持着冷静的头脑：如果以低价应战，实力脆弱的永利公司将很快破产；如果不这样做，公司的产品就会大量积压，卖不出去，最后被英国人占领市场。

正在苦思冥想之际，范旭东得到了一个重要消息：这家英国公司在日本的纯碱销量很大，收益也更多。想到这里，范旭东喜上眉头，他决心以其人之道还治其人之身。接着，范旭东立刻调集了一批优质"红三角"牌纯碱，以同样的低价倾销到日本市场。结果，日本市场碱价大跌，这家英国公司损失惨重。

看到范旭东这么硬气，英国人意识到再斗下去会两败俱伤，于是乖乖地坐到了谈判桌上。经过针锋相对的商谈，英国人接受了范旭东的所有条件，签署了协议：永利纯碱公司在中国市场占有 55% 的份额，而这家公司不得超过 45%；这家公司如在中国市场上进行碱价变动，必须事先征得范旭东的同意。

比尔·盖茨曾说过一句话：这个世界在你感觉自我良好之前，要求你有一番成就。为什么普通人说话无人倾听，也没人喝彩，而有影响力的人随便说一句话就得到大家的拥护？因为有影响力的人有过成功的经历，他们凭借实力和专业能力创造了一番事业，所以说话有底气，令人信服，也经得起考验。

这是一个靠实力说话的时代，没有实力，寸步难行。许多时候，让自己变得足够强大，才能拥有相应的话语权，得到他人的认可与重视。

真正会讲故事的人不会口无遮拦，说一些不着边际的空话。他们放低自我，沿着正确的方向踏实做好每件事，即使不开口也能影响他人。所以，他们一旦开口说话，总会有人驻足倾听，这才是真正的影响力。

六种超级实用的故事思维

会讲故事的人知道听众想要什么，也知道自己应该提供什么。在群体或团队中，他们是掌控局面的人，引导思潮的涌动方向，还在最大限度上俘获了人心。

在工作和生活中，掌握下面六种超级实用的故事思维，有助于我们在人际交往、团队管理等方面更加游刃有余。

第一，我是谁。

每个故事的主角，往往都有讲述者自己的影子。或者说，许多故事都是你日常生活的缩减版本。你去过什么地方，你做了什么，你想做什么，你将成为什么样的人……这些东西都会有意无意地融入你讲的故事中，并且直接关系到你的影响力和别人对你的看法。

因此，你可以通过与"我是谁"有关的故事增加亲密感，也就是告诉别人你的情况，从而赢得他人的信任、理解与支持。关键时刻，讲述一个关于"我是谁"的美妙故事能有效拉近你和听众之间的距离，让观众得到更多的信息。

第二，我为何在此。

当你花费时间、精力和金钱鼓励他人做某件事的时候，对方一定会产生戒心，除非你能让对方强烈感受到你的真诚。人们心里有杆秤，公平和互惠往往比实用主义更重要。

如果你想与对方合作，或者推销产品、服务，讲述成功的客户案例比你努力工作更好。告诉对方你为何出现在这里，要做什么，并用一个故事证明你的积极意图，对方的疑虑和猜忌最终会消失，从而对你产生信任。

第三，讲述教导性故事。

一个有教育意义的故事很容易感染听众，全方位触动听众的感官，让人体验善行的意义，或者恶行的后果。教导性故事可以让人们穿越时空，改变视角，不知不觉间改变认知，主动修正自己的言行。

如果你想影响他人，或者试图做好团队管理工作，可以借助教导性故事让他人从感情和精神上重新审视自己。

第四，讲述愿景性故事。

愿景性故事创造了一种可以感知的、想象中的未来，就像售货橱窗中闪闪发亮的自行车可以激励孩子做家务一样。它可以帮助人们从当前的困难、复杂和模糊中转移出来，看到明天是值得争取的。

通过讲述愿景性故事，让听众切身感受到一个真实而激动人心的未来，远比其他奖励更能鼓舞人心。对讲述者来说，引导大家思考未来、看到希望，就容易成为凝聚人心的中坚力量。当然，讲述愿景性故事有很多要求，但是也有丰厚的回报。

第五，行动体现价值。

人生本身就是由无数个故事组成的，既然好的故事来源于生活，那么我们就应该在每个平常的日子里演绎精彩的自己。如何过好每一天，让生命充满灵动与色彩，需要当事人树立正确的价值观，从而在行动上永远正确。

在寻找一个故事之前，花点时间思考并写下四个重要的价值观来指导你的行为。随着时间的推移，你会变得越来越优秀，向他人讲述人生的智慧就可以信手拈来。当特定的价值观内化为自发的行为时，你就成了最有故事的人，人生也会大放异彩。

第六，我理解你。

人类都渴望被认可，得到他人的认同。显然，会讲故事的人更擅长换位思考，充分理解他人的诉求。讲述一个动人的故事，充分理解听众的需要，更容易展示出色的表达技巧。

理解能力越强，你就越能把故事讲得出彩，最大限度上满足听众的心理需求。具备这种故事思维的人，无论做什么都容易抓住关键，具备掌控全局的能力。

会讲故事的人更热情，更热爱生活，也更具同理心。他们表现出高情商的素养，说话办事都能令人心悦诚服，与之相处的过程就是享受人生的过程。因此，他们无论走到哪里都广受欢迎。

◆

第 05 章

博弈逻辑

赢得人生赛局的竞争策略

世界就是一盘棋，无论做什么都要与人进行博弈。如果你想保持长久的竞争优势，就必须深谙无所不在的博弈策略，从而避开不利条件，选择最优的行动方案，实现己方效用最大化。

相悦定律：喜欢是一个互逆过程

结交朋友时，你的标准是什么呢？是漂亮、智慧，还是他们的权势呢？或许，这些都是你们成为朋友的因素之一，然而真正可以维系友谊的是彼此之间的喜欢。当你表现出亲近时，对方是可以感受到的，并且这种愉悦的心情会相互感染。

你无意中听到某人与他人谈论你，并且直接表达出对你的态度。当你们被安排在一起工作时，你就会以之前无意中听到的谈话内容为依据，对这个人作出大致的判断。如果他表达了对你的喜欢，你自然也会对他表达热情和友善，这样的合作会令工作效率得到提高。

但是，如果对方表达的是冷漠或厌恶，那么你在潜意识中也会不自觉地对他持排斥心理。面对喜欢的人，我们常常会持积极的态度，这就是所谓的相悦定律。

有一位老师在班里做过一个实验：让学生把自己喜欢和讨厌的人的名字写在一张纸条上，然后把纸条交上来。他从这些纸条上发现：一个学生写下的自己所喜欢的人，同时也喜欢他；而他所讨厌的人，同时也在讨厌的人的纸条上留下了他的名字。双方同时都认定对方是自己喜欢的或者讨厌的人。因此，喜欢和讨厌是彼此都可以感受得到的，是一种相互的关系。

其实，男女之间并没有那么多的一见钟情，多是从某一方的喜欢开始的。某一方经过不断的努力感动了对方，最后两个人走到了一起。因此，所谓喜欢的互逆过程，就是在所有外在条件都相同的情况下，人们都比较倾向于喜欢自己的人，尽管彼此的"三观"并不是那么契合。

在人际交往中，为了使自己不碰壁，我们都倾向于选择与喜欢自己的人交往。所以，试着让别人喜欢自己，在社交中非常重要。别人只有喜欢你，才会愿意认识你，并和你交往。那么，怎样才让别人喜欢你呢？

其实，如果你学会发现别人身上的优点，学会赞美别人，找出你们共同的兴趣爱好，并且尊重你们之间存在的差异，那么就很容易获得对方的认可。

一名销售专家曾说：如果想成为一名出色的推销员，必须对自己的工作充满热情，熟悉每一件要推销的产品，但更为重要的是，喜欢你的顾客。因为在推销的过程中，顾客只有喜欢你，才会对你的产品感兴趣，从而购买你的产品。

获得别人认可的过程，其实就是推销自己的过程。热情地对待别人，多发现别人的优点，而不是抓着对方的缺点不放，这样会更容易让别人对你产生好感。

陷入囚徒困境该怎么办

囚徒困境是博弈论非零和博弈中最具代表性的例子，反映个人最佳选择并非团体最佳选择。

这一概念来源于一个逻辑故事。两个犯罪嫌疑人作案后被警察抓住，分别关在不同的屋子里接受审讯。警察知道两个人有罪，但是缺乏足够的证据。警察告诉两个人：如果两人都抵赖，各判刑一年；如果两人都坦白，各判八年；如果两人中一个坦白而另一个抵赖，坦白的放出去，抵赖的判十年。

于是，每个囚徒都面临两种选择：坦白或抵赖。然而，不管同伙选择什么，每个囚徒的最优选择都是坦白：如果同伙抵赖，自己坦白会被放出去，而自己不坦白会被判刑一年，坦白比不坦白好；如果同伙坦白，自己也坦白会被判刑八年，而自己不坦白会被判刑十年，坦白还是比不坦白好。结果，两个犯罪嫌疑人都选择坦白，各判刑八年。

如果两个人都抵赖，各判刑一年。这时候，两个囚徒之间就展开了一种特殊博弈。通过推理可以发现，即使对合作双方都有利，保持合作也是困难的。

囚徒困境在生活中经常出现，尤其是与人合作的时候。在博弈中失败了，要承担后果；在博弈中成功了，会得到奖赏。这提醒我们，唯有合作才能实现风险最小和利益最优。

在囚徒困境的案例里，两个人都选择抵赖，会各判一年，这是最好的结果。从整体上看，所有的组合结果，都比这个代价大。人的本性都是趋利的，因此选择的结果可能不会尽如人意。显然，每个人都希望自己是无罪释放的那一位，这样思索和选择的结果往往是"聪明反被聪明误"，变成两个人一起承担最重的惩罚。

小李和小王都是刚刚入职的管培生，最初的工作是到各个门店协助活动策划和执行。两个人被分到了一组，因为年龄相仿、兴趣相投，彼此聊得非常投机。但是，在一次活动中因为粗心大意，一个门店的商品在展销过程中被损坏了。由于现场情况非常复杂，无法查明谁是破坏者。按照规则，小李和小王作为具体负责人，需要共同承担责任。

公司领导找到小李和小王，询问具体责任如何落实，事情的经过是什么样子的。两个人很聪明，他们都想到：如果自己说主要责任在对方，那么若领导找其他人了解情况，只要有一个人和自己说的情况不一样，自己就会在领导心里埋下怀疑的种子；同时，自己还会给领导留下没有担当的印象。所以，小李和小王先讲了一些客观原因，然后尽量轻描淡写地说出自己的失职之处，却只字不提对方的过错。

由于小李和小王都近乎一致地强调客观原因，加上两人刚刚步入社会，经验确实不足，所以这件事被领导重重地拿起，又轻轻地放下，并没有给他们太重的处罚。

从这个故事可以看到，如果想从"困境"中走出来，可以坚守忠诚的原则，从而"防患于未然"。一旦大家有了忠诚和默契，自然不会轻易出卖对方，从而都能获得最大收益。只要双方都坚守底线，那么自然可以将危害降到最低。

囚徒困境反映出的深刻问题是，人类的个体理性有时能导致集体的非理性。也就是说，聪明的人会因自己的聪明而作茧自缚，或者损害集体的利益。

博傻理论：聪明人更容易被影响

1919 年 8 月，凯恩斯拿着几千英镑做远期外汇这种投机生意。他利用 4 个月的时间，赚得 1 万多英镑；然而过了 3 个月，他把本金和利润都输掉了。7 个月后，凯恩斯又转行棉花期货交易，再次取得成功。到 1937 年，他已经积攒了一辈子都享用不完的巨额财富。

凯恩斯在投机生意中总结出了一套理论，即博傻理论。具体来说，它是指在投机市场中，许多人愿意花高价买一个价值相对低的东西，因为他们觉得会出现更无判断力的傻瓜，并且愿意出更多的钱购买。

博傻理论认为：只要出现一个比自己更傻的人，那么在投机过程中就能获利。实际上，博傻理论并不完全正确，因为聪明人反而更容易被影响。

1630 年，荷兰人培育出了颜色和花型都十分独特的郁金香品种。凭借稀有性和高雅脱俗的美，郁金香被当时许多王公贵族作为身份和权力的象征。于是，嗅到浓浓商机的投机商开始恶意囤积这种郁金香，并引发了一场疯狂的全民投机热潮。

一时间，人们争相进行郁金香球茎的投机，导致国家其他行业停滞不前。人们纷纷用土地、房屋等不动产置换郁金香种子，妇女们甚至变卖衣服、首饰和心爱的家具，渴望变得更富有。人们的欲望已经膨胀到了无以复加的地步，结果郁金香的价格不断创下新高。

这种混乱局面一直持续到 1653 年 11 月的一天。一位对此一无所知的水手来到荷兰郁金香交易市场，他擦了擦随手捡起的一颗郁金香种子，三两口便吃了下去。所有人都呆呆地看着那位水手，水手也奇怪地看着大家，不过他只是好奇这颗"洋葱头"的味道独特而已。

那位水手的举动让所有人顷刻从一场持续了多年的美梦中惊醒。梦境中，大家仿佛被一股无形的力量控制住了，关心的只是不断地哄抬郁金香的价格。清醒之后，人们开始大量抛售郁金香，结果郁金香的价格暴跌不止，欲望的泡沫破灭了，许多人一夜之间一贫如洗。

"郁金香事件"是"博傻理论"最典型的案例。其实，人们早已经意识到郁金香的价格远超本身的价值，但是人们也相信会有更傻的人出现，并以更高的价格买走手上囤积的郁金香。最终，博傻理论使得"郁金香泡沫"越吹越大，致使千百万人倾家荡产。

毫无疑问，博傻理论获利的基础是存在更多的傻子，这需要准确判断世人的心理。利用博傻理论获利难度很大，因为精准掌握众人的心理异常复杂。一旦出现差错，博傻理论的使用者便会成为最傻的那个人，想操纵别人反而被别人操控。

如果不想被别人操纵，需要对众人的心理进行调查和研究，从而作出准确判断。此外，还要保证自己处于理智的状态中，这样才能作出正确的判断，确保自己的利益免受损失。

完全没必要担心别人怎么看你

每个人都希望得到认可，希望自己在别人眼里有一定的分量和地位。为此，你奋发图强、努力拼搏，一心想搞出点名堂，并时时刻刻维护、完善自己的形象。

也许是因为太在意别人的看法，以致对别人无意的冷落或忽视你都会耿耿于怀，别人不经意的一个眼神或一句随随便便的玩笑也会令你大伤脑筋，甚至拿自己和他人比较来比较去，最终陷在狭隘的自我里顾影自怜。

很多时候，我们对自己的认识更多地来自他人的评价和反馈。而过度在意别人看法的心理，很容易增加我们的思想负担。

小陈应聘到一家外企的人力资源部做助理。上班第二天他就遇到了一个尴尬的问题。匆忙冲进电梯的他，发现里面站着昨天刚见过的副总。他犹豫是否要回过头打招呼，但是又怕说错话，最终没有主动打招呼。

下午，小陈给副总的秘书送报告，副总碰巧从办公室里出来，也像没看见他一样径直走了过去。小陈开始后悔自己在电梯里的行为，心想副总一定对自己有意见。

没过多久，上司带着小陈一起陪副总和客户吃饭。小陈很想借这个机会与副总搞好关系。但在整个过程中，他内心挣扎了无数次，还是什么也没做。

在前往酒店的途中，上司开始和副总谈论公司的事情。小陈心想，对于公司的事情，自己身为新人不好插嘴，就始终保持沉默。中间副总咳嗽了一阵，他很想趁机问问："您生病了吗？"但是这个念头刚一出，他头脑中就立刻蹦出"谄媚"这个词。倒是上司开口了："最近身体不好？"副总叹了口气说："老毛病，一到秋天就发作。"

下了车，小陈发现副总手上提着一个大电脑包，臂弯上还有一件风衣，心想："我是不是应该帮他拿包和风衣呢？"可转念又一想，"如果我那样做了，不就成了跟班？"就在他犹豫的时候，副总已经走进了酒店。

吃饭的时候，小陈更是不知所措。他觉得自己地位低，在这种场合应该保持沉默。与对方公司交流、谈业务这种事情，他似乎也不知道从何说起。后来，上司有意让他表现一下，给副总敬杯酒。小陈立刻说：我不会喝酒，用果汁代替可以吗？结果，轻松的气氛一下子消失了。

人最大的弱点，就是太在意别人的看法和反应，做事顾虑重重，最终将简单的事情搞砸。不难看出，小陈犹豫不决，就是太在乎他人的看法。

一个人如果想主宰自己的人生，就必须坚定信念，完全没必要担心别人怎么看自己。到底该如何坚定自己的信念，不被别人的看法左右呢？

第一，要为自己确立目标。

确立目标既是走向成功的需要，也是激发潜力、最大限度地创造价值的需要。有了目标，我们就会想方设法为达到目标而努力，就不会为目标以外的事情烦恼。

第二，发挥自己的优势。

人是在战胜自卑、建立自信的过程中成长的。我们每个人各有所长，各有所短。我们在做事的时候，一定要注意发挥自己的优势，避免自己的劣势。

第三，学会自我激励。

在树立信念的过程中，一定要学会自我激励。要有勇气面对别人的讥讽和嘲笑。德国人力资源开发专家斯普林格在其著作《激励的神话》中写道：强烈的自我激励是成功的先决条件。所以，学会自我激励，就具有了主宰自我的意志与能力。

我们永远无法满足所有人对自己的期望，因此专心做好分内之事最重要。许多时候，完全没必要担心别人怎么看自己，将事情做到位自然会赢得尊敬和赞赏。

关键时刻亮出手中的王牌

在节目表演中，最抢眼、最吸引人的重头戏往往留在最后。这是因为节目制作人了解观众的心理，为了吸引大家留下继续观看故意这样安排。而这最后一个节目，也成了他们手里的一张王牌，使整场表演最终取得预期的结果。

谈判中，当事人手里也要有王牌，以便在关键时刻摆脱被动局面，取得主动权。王牌一定要留到最后，不要着急亮出来，否则，你渴望杀对方一个措手不及的"良药"，反而会成为对方牵制你的"武器"，让你陷入被动。

小白在大城市奋斗了六年，他渐渐喜欢上了这座城市，决定在这里扎根。于是，他决定用这些年的积蓄，在公司附近买一套房子。他查了很多资料，问了很多朋友，最终找到了一套满意的房子。

小白联系到房主，双方很痛快地谈妥了价格，并签署了购房合同。当天，他就向房主交纳了 4 万元定金，准备过几天全额付款，办理过户手续。

出人意料的是当地政府几天后宣布要在旁边修建地铁，小白买的那套房子价格也随之暴涨。在房主看来，这简直就是"天上掉下来的馅饼"，于是单方面撕毁了合同。

随后，小白找房主理论，房主却说："先前的合同不算数，我已经把它撕了。你如果还想买这套房子，必须在之前的价格上再加 15 万元。"对此，小白坚决不同意，但交涉多次都没有结果。于是，他决定起诉房主，并给房主发了律师函。

此时，房主才意识到事情的严重后果。因为毁约在先，如果这起纠纷被法院受理，那么房主一定会败诉。因此，他私下主动找到小白，希望再谈一谈房子的事情。可是，小白态度非常坚决，不想听房主的解释。

最终，房主经过一番思考后，决定按之前的合同把房子卖给小白，双方达成和解。小白搬出了法院这张"王牌"，维护了自己的正当权益。

在谈判中，如果遇到不可调和的矛盾，不妨像小白那样亮出王牌，夺回谈判的主动权，让对方把无理要求收回。但是，如果不合时宜地把王牌亮出来，并不能获得想要的效果，可能还会弄巧成拙。

谈判博弈中充满了未知数，你有王牌，对方也有，而且随时在变化。假如一遇到窘境就求助于王牌，反而会陷入被动。而且，王牌终究数量有限，一旦亮出便没有反悔的余地了，再遇到困难时往往就失去了抗衡的力量。因此，使用王牌要慎重。

王牌可以让你增加信心，获得主动权，在遇到危局时力挽狂澜。可是，如果王牌不能用在合适的场合和合适的时间，你就会被对方赶尽杀绝，陷入尴尬的境地，谈判结果也就可想而知了。

史密斯原则：竞争中前进，合作中获利

个人的能力是有限的，即便能力再出众的人，要想有所成就，也离不开他人的支持。每个人都有长处，也有不足，通过团队合作，他人的长处可以弥补自己的短处，而自己的长处也可以弥补他人的不足。

如果没有合作，就不会有绵延万里的长城；如果没有合作，就不会有雄伟的金字塔；如果没有合作，就不会有高度发达的现代文明。在人类历史前进的过程中，合作起着至关重要的作用。

一个人可以凭借自己的努力取得一定的成就，但如果把自己的能力与团队力量结合起来，就能取得更辉煌的成就。随着科技的发展，社会分工越来越细，个人的能力在复杂的工序面前显得微不足道。要想成功，只能寻求合作，团队精神在现代职场中显得尤为重要。

玛丽和珍妮同时进入一家公司。珍妮能力出众，很快就可以独当一面，她的工作能力让同事和领导刮目相看；玛丽虽然工作能力不如珍妮，但是她开朗大方、活泼而有亲和力，在人际关系方面比较出众。

入职的第三年，两人所在部门的主管跳槽，公司领导决定从她们两人当中选出新的部门主管，最终结果在 3 个月后公布。得知这一消息之后，两个人展开了竞争，尽力把自己最优秀的一面展现出来，期望在职位竞争中获胜。

3 个月后，公司领导宣布玛丽为新的部门主管。对此，珍妮感到有些失落，但是她很快调整好状态，并向玛丽表示祝贺。她说，玛丽身上

有许多自己不具备的优点，担任主管一职实至名归。

玛丽也明白自己有许多不足之处，经常向珍妮请教。珍妮的大度、玛丽的谦虚，引来同事一片赞扬，她们的行为也引起了总经理的注意，不久，珍妮被调到另一个部门担任主管。

上面案例中这种既竞争又合作的状态，在现代职场普遍存在，只是很多人不懂得如何处理这两者之间的关系。

优秀的职场人士都清楚，在竞争日益激烈的现代社会，想生存下去唯有寻求合作，只有和团队成员拧成一股绳才能增强竞争力。那些妄图凭一己之力闯出一片天地的想法，显得不切实际而可笑。离开团队成员的支持，个人的能力不但无法充分发挥，而且根本不足以完成一项浩大的工程，当然也不可能取得辉煌的成就。

当然，职场中不光有合作，还有竞争。在企业内部也会涉及利益、权利。为了获得更高的职位、更丰厚的薪资，企业成员之间必然会展开竞争。只是企业内部的竞争，不是"你死我活"的争斗，而是为了共同进步的良性竞争。

通过竞争，人们可以快速进步；通过合作，可以使利益最大化。其实无论是竞争还是合作，都是为了共同的利益。因此，当你觉得自己无法战胜对方的时候，就应该想办法融入进去。

总之，竞争与合作缺一不可。通过竞争，彼此能够发现自身的不足，并及时改正，从而不断成长；通过合作，可以使彼此的能力充分发挥出来，从而推动团队不断进步。只有将竞争与合作的关系处理得当，才能在博弈中取得双赢的效果。

| 第 06 章 |

◆

逆向逻辑

翻转大脑，让问题迎刃而解

一切苦厄，皆含深意。唯一的差别是，有人趟了过去，有人却留在原地。生命中的各种不如意，都是为了让我们变得更强大。身处困境并不可怕，可怕的是在困境中失去前进的信念。

看似合理的结果不一定是对的

当人们对某个事物作出判断时，容易受到第一印象或第一信息的支配，会将某些特定的印象或信息作为判断的起始值，这些起始值像锚一样制约着估测值，将人的思维固定在某处。这就是心理学上的锚定效应，普遍存在于生活的方方面面。

人们倾向于把对将来的估计和已经用过的估计联系起来，用一个限定性的规定或浓缩为限定性的词汇作为导向，作出看似合理的判断。然而，看似合理的判断就一定合理吗？我们是否应该思考"合理"中有多少是未经过判断的想当然的结论，又有多少"合理"只要经过反证就会立即破灭呢？

研究谈判策略的心理学家格雷戈里·诺斯克拉夫特和玛格丽特·尼尔进行过一项关于锚定效应的实验。他们向几位房地产经纪人展示同一套住宅的相同背景材料，包括房屋的面积、屋内设施、周边配套以及同类住宅近期的交易情况。唯独向几位经纪人展现了不同的挂牌价，有的偏高于房屋估价，有的偏低于房屋估价，有的高过房屋估价很多，有的低于房屋估价很多，当然这几位经纪人并不知道专业机构对房屋的具体估价。

看到高挂牌价的经纪人对房屋的估价远远高于看到低挂牌价的经纪人的估价，高出的幅度随挂牌价而定。当问及对房屋做出高估价的经纪人其估价的原因时，经纪人先是对房屋的各项优势因素进行了汇总，说自己是根据这些优势估价的。当问及对房屋做出低估价的经纪人其估价原因时，经纪人先是对房屋的各种不利因素进行了总结，说自己是根据这些不足估价的。

虽然这些房屋经纪人都说自己是独立思考作出的评估，但实验已经清楚表明经纪人作出的估价都受到了房屋挂牌价的影响，他们的评估判断已经严重偏离独立意识了。给出高估价的经纪人所给出的优势理由都是对的，给出低估价的经纪人所给出的不足理由也都没有错，但为什么前者更倾向于优先甚至只看到房屋的优势，而后者更倾向于优先甚至只看到房屋的不足？他们都坚信自己的理由是正确的，所以会得出"合理"的结果。

锚定效应能屡屡发挥作用，根本的原因在于对锚定值调整不足。估测目前数值过高或过低，从锚定的数值开始做调整，调整是耗费脑细胞的事，如果此时达到了一个自己认为合理或者可接受的值，多数人就会停止调整。即便是意识到应该有所调整，以求得其他答案的机会，但因为可参照的样本不够，调整也将过早结束。因此，视野狭窄也是许多错误的根源。

锚定效应几乎无处不在，工作和生活的各种场景都能人为设置产生锚定效应的心理机制，我们比想象中更容易掉进锚定效应的陷阱中。那么，该如何抵制看似合理的结果对作出正确判断的影响呢？

最佳答案就是逆向思维。遭遇锚定效应场景时，把握内心的真实需求，要相信没有人比自己更了解自己。思考的重点是将思维放在其他可能上，思考除了当下的答案是否还有其他答案，其他答案能否比现在的答案更有价值。学会打破当前已知信息对思维的禁锢，比如前面实验中的房产经纪人，就要打破挂牌价这个信息对思维的影响。如果自己接收到的是高挂牌价，那就将信息逆转，以低挂牌价作为前提重新思考，看看得出的结论是否也具有合理性。

逆向思维不是为了逆而逆，而是为了"正"而"逆"。因此，逆向思维的目的不是"逆"，而是通过"逆"得到其他"正"的关系，进而扩展自己的思考空间。

错误不断，该反省一下了

生活中，我们总是犯各种各样的错误：希望购置某处房产，却阴差阳错地失去了出手的最佳时机；想要和喜欢的人在一起，却无缘无故地成了彼此的过客；工作上，小错误层出不穷；因为自己的犹疑不决，股票被牢牢套住。面对这些失误，我们有时候甚至会怀疑当初怎么会犯如此愚蠢的错误，不禁为自己的智商着急。

犯错难道仅仅是因为智商低下的原因吗？研究发现，人之所以会犯错，除了智商低下的原因，还有很多因素。

无知导致人们犯错误。无知犯错误很容易理解，因为对事物不了解，处于混沌状态，犯错误是在所难免的。很多事情，我们从来没有经历过，没有可靠的答案，这就需要不断地尝试、研究。在陌生的领域中，想要获得成功，就需要不断地尝试，在尝试中寻求答案，犯错误是难免的。

例如，爱迪生发明电灯，这是之前人们从来没有接触到的领域。对爱迪生来说，这完全是一个探索的过程。爱迪生在选择灯丝材料的过程中，尝试了上百种原材料，都失败了，最终选择了钨丝，才取得了成功。

科学研究中，犯错误是难免的。同样，在史无前例的改革中，犯错误更是常见。可见，在探索中摸着石头过河，难免摸到水深过不去的地方，这就需要重新选择方案，再次尝试。

主观情感的变动导致犯错误。有时候并不是因为无知，明明知道答案，但是在解决问题的时候，却因为自己的粗心大意，造成无心之错。这种无心之错，可能不止一次。这主要在于当事人的心态，是否将它看成很重要的事情，如果从未在心底里将这件事看得非常重要，犯错误也就难以避免了。

一类错误一犯再犯，也可能是因为过于重视，以致紧张过度，导致犯错误。正所谓：一朝被蛇咬，十年怕井绳。

如果想减少犯错的概率，除了更加细心、持之以恒之外，没有别的更好的办法了。

还有一种错误就是有意犯之。大人为了孩子能有一个更好的未来，总是对孩子的选择指手画脚。由于逆反心理作祟，孩子总是故意犯错误，让大人生气；工人为了报复厂长，总是故意出错，让产品不合格，造成工厂的损失；战争中，有时候一方故意犯错误，让对方误入圈套，这就是一种计谋了。对于这类犯错，为了达到一定的目的，需要具体问题具体分析，对症下药，找出相应的对策。

除了以上两个因素，欲望也能导致人犯错误。马斯洛的需求层次理论将人类的需求分为五个层级。最低的需求当然是人类首先得生存下去，这和动物的需求是一样的。但是人类之所以高于动物，还在于人类懂得善恶。人类在动物基本需求的基础上还有更高的需求，例如被尊重、受教育、被社会承认、实现自我价值……这就是人类的欲望。

总的来说，人之所以不断地犯错误，在于人的欲望一直在膨胀，得不到满足。

正所谓"欲壑难填"，人最大的错误就在于欲望太多了，超出了自己的能力范围，就会犯错误。每个人不管处在什么境地，都会有自己的苦恼，这种苦恼如果得不到排解，可能就会犯错误。

保持"知足常乐"的心态，毕竟这个世界本就是不完美的，只有意识到这种不完美，并且接受这种不完美，才能真正得到解脱。将自己从欲望中解放出来，保持一颗平常心，冷静地处理世事，才会减少犯错的概率。

更多的可能性藏在对立面中

对立面在哲学范畴的解释是：处于矛盾统一体中的相互依存、相互斗争的两个方面。我国哲学家艾思奇在《辩证唯物主义讲课提纲》第八章中有更详细的阐述：其实一切矛盾着的对立面，在某种意义上说，它们相互间处于根本对立的地位，而它们之间都具有一定条件下的同一性。

哲学的解释或许不太容易理解，我们来看通俗的解释，即指在社会生活中，立场、观点等互相对立的方面。

如果我们的观点与别人对立，就等于站在了别人的对立面。生活中的对立容易为自己树敌，这是不太好的情况，要在不违背原则的情况下尽量减少与人对立。但是，我们看待事物时却需要这种对立，因为每个事物都有其不同的面，如果只看到事物的一面就下结论，就不会发现对立面里隐藏的东西，或许那里有我们更期待的结论。

世间万物，其对立面都是一种客观的存在，以定式思维或单向思维就难以发现对立面，因为思考是直线性的，思维只能从一个面出发，然后不断向前延伸，至于点和面对立的另一面，就无法看见了。但是，若从逆向思维的角度看事物，思考就呈回旋性和发散性。思维从一个面出发后，一部分向前，一部分四散回转，再从另一面出发，就会发现更多。

为什么一定要看到事物的另外一面呢？因为我们了解事物，是为了更好地掌控事物，而掌控事物的方法不只在正面角度，对立面中往往藏着更多可能性，但前提是要先发现对立面并走进对立面。

潘帕斯草原上水草丰美，成千上万个农庄牧场像一颗颗璀璨的明珠，成群结队的牛、羊、马悠闲地享受着生活。但是，草多了，野火就成了最大的隐患。

一天，几名游客在一位农庄主人的带领下正在草原上游玩，忽见远处野火燎原，火借风势迅速向他们这边扑来。他们惊慌失措，准备逃跑。农庄主人大喊："不要跑，我们跑不过火，现在都听我的，我保证大家没有生命危险。"

农庄主人要大家快速拔光眼前的一片干草，清出一块空地。此时大火已经逼近了，情况十分危急。农庄主人站在空地上靠近大火的一边，让大家站到空地的另一边，然后果断地在自己脚下放起火来，眨眼间在他身边升起了一道火墙，这道火墙同时向前、左、右三个方向蔓延。就在人们惊讶不已时，奇迹发生了，农庄主人点燃的这道火墙并没有顺着风势烧过来，而是逆着风势向草原大火烧过去，两堆火碰到一块时，正面的火势逐渐减弱，余火向两侧绕走，大家安全了。

脱离险境后，大家向农庄主人请教灭火的道理，农庄主人解释说："草原失火，风虽然向我们这边刮来，但近火的地方，气流都被火焰吸过去了，我放的这把火正是被草原大火吸了过去，再加上我们拔光了那一片草，大火也就烧不过来了。"

农庄主人的灭火方法肯定是一辈辈人总结后流传下来的，但却从中看到了反常识和用逆向思维挖掘事物对立面的妙处。着火了，常识一定会让我们想到用水灭火或者赶快逃跑，但两种方法并非总能管用。在一些火势下，用水灭火如同火上浇油！逆向思维却能帮我们绕过常识的陷阱，特殊情况采用特殊方法处理。

自然界中所有事物的界限都是有条件的、可变的，任何事物或现象都能在一定条件下转化为自己的对立面。这种相互转化之所以可能，就因为对立面之间存在着矛盾的同一性。思维也是如此，定式思维可以转化为非定式思维，固化思维可以转化为非固化思维，单向思维可以转化为发散思维，正向思维可以转化为逆向思维。思维的转化，意味着角度的转换，也意味着对事物见解的转换，最终发现对立面中的可能，并利用对立面中的可能。

在绝望中寻找希望

人们总是认为，危机只会带来失败和痛苦，令人感到绝望，失去继续奋斗的信心。但是，危机之中却潜伏着机会，它等待着那些涅槃重生的人去发现。

一个人如果能够在危机之中迎难而上，跨越艰险，那么必定能够发现机遇，创造一片属于自己的天地。尽管处在绝望之中，却依然盛开希望的花朵，这样的人生令人敬仰。

霍兰德说：在最黑的土地上生长着最娇艳的花朵，那些最伟岸挺拔的树林总是在最陡峭的岩石中扎根，昂首向天。生命中，没有翻不过去的山，没有过不去的坎。面对艰难险阻，是被困难吓倒，还是振奋精神，决定了一个人的命运。其实，挑战命运、挑战生命的过程能激发人的潜能和创造力，带来令人惊喜的变化。

现实世界是残酷的，能消磨人的斗志和梦想，但是淡定的人懂得乐观地面对一切，努力让内心的痛苦减少一些，让身上的负担与压力减轻一些，努力将日子过得更加充实和有意义。

从困境中寻找希望，从苦难中寻找乐趣，是一种生存哲学。面对困难，选择迎战还是躲避？面对苦难，选择顺从还是崛起？面对这样的拷问，我们一定要保持乐观的精神，多一点儿幽默心，就能做到苦中寻乐，在不幸中收获幸福。

美国剧作家考夫曼才华出众，早在 20 多岁的时候就挣到了 1 万多美元的酬劳。拿到这笔钱后，他非常激动，一时间又不知道怎么处置它，于是向朋友求助。

为了让钱保值增值，考夫曼听从悲剧演员马克兄弟的建议，将这一万多美元全部投资在股票上。万万没想到，受当时经济危机的影响，股票大跌，考夫曼的钱全被套在里面，血本无归。

考夫曼虽然后悔不迭，但是并没有对生活失去信心，反而幽默地调侃："马克兄弟是悲剧演员，我听了他们的话把钱投进股市并最终赔本，也是活该呀。"

即使1万多美元全被套进了股市，考夫曼依旧保持着乐观的心态。他把失败的原因灵活机变地扯到了悲剧演员马克兄弟的身上，诙谐风趣的语言折射出苦中寻乐的生活态度。

很久以前，印第安人曾经遭到白人驱逐。他们在逃亡过程中寻找避难所，后来累得筋疲力尽，并且身上带的食物也不多了。酋长不想让大家白白牺牲掉，于是召集所有人商议对策。

"如今我们离开了家园，奔跑在逃亡的路上，我有一个好消息和一个坏消息准备告诉大家。请问，你们先听哪个消息呢？"酋长问道。

"坏消息……坏消息……先听坏消息……"大家喊起来。

"好的，那我就告诉你们。坏消息是我们现在除了动物饲料以外，没有其他粮食了。"酋长说道，"而好消息是我们还有足够多的动物饲料。"

顿时，台下爆发出一阵欢笑声。笑声帮族人消除了逃亡时的疲惫和惊慌，而酋长机敏地让族人学会了苦中作乐。

一个快乐的民族永远充满希望，一个快乐的人永远不会迷失方向。当你在命运面前无能为力时，不妨微笑着面对，至少保持一分洒脱。

马克·吐温说过：幽默的源泉并不是欢喜，而是悲伤。这也正是人们陷入困境后，学会苦中作乐的理由。婴儿是哭着降临世间的，所以有人说：我们来到这个世界就是准备吃苦的。

人生在世几十年，如果没有辛酸，怎能衬托出那些美好？正是有了辛酸的日子，人们才更加珍惜生活的美好。因此，无论遇到什么坎坷与逆境，都不应畏惧，真正可怕的是一个人失去了对美好生活的向往和追求。保持快乐生活的唯一秘诀是：用微笑代替愤怒，平静地与这个世界相处。

想法变了，困难的问题能变简单

无论富贵还是贫穷，无论健康还是疾病，无论顺境还是逆境，无论任何情况下，"问题"都会与你不离不弃，终身相守，你必须接纳它、尊敬它，然后才是解决它。也许，人活着就是不断处理问题的。

如何解决困难，考验着一个人的综合能力。通常情况下，人们面对难题时会有三种状态：第一种是找不到办法，也没有信心，彷徨无奈，束手无策，等于束手就擒；第二种是用乐观掩盖逃避，等着被难题击倒；第三种是毫无畏惧、迎难而上，表现英勇却方法不对，同样不能解决难题。有没有第四种状态呢？必须有，即接受难题，分析难题，然后运用逆向思维彻底解决难题。

迦太基人曾流传这样一个故事。

一场大瘟疫暴发了，一位懂得医术的年轻人竭尽全力救治病人，终于感动了死神。一天晚上，死神进入了年轻人的梦里，传授给他非常厉害的治病方法，只要在病人身上点几下，任何疾病都能痊愈。但死神告诫年轻人：只有我站在病人床尾的，你才能救活，如果我站在病人床头，就表示此人大限已到，你就不用治了；若是违反，病人可以救活，但你自己要以命来抵。

渐渐地，年轻人治好了越来越多的病人，成了国内闻名的神医。几年后的一天，国王唯一的女儿得了重病，医生们想尽办法，但公主的病还是越来越重。国王命人找来年轻人，让他给公主治病，若是治得好，不仅重赏封官，还会将公主嫁给他，如果治不好就直接杀了他。他来到公主的病榻前，公主的美丽令他倾心，但床头站着死神，说明公主大限已到。如果同国王说实话，国王不仅不会信，还会杀了自己；如果违背和死神的约定，强行救治公主，自己也会一命呜呼。看起来救得活与救不活，自己都得死啊。他苦苦思考解决的办法，但常规思维已经帮不了他了……忽然，他眼睛一亮，对国王说："陛下，请您命人将公主的床换一个方向，这样我就能把公主治好。"国王立即命人把公主的床换了方向，死神就变成了站在公主床尾。年轻人很快就把公主治好了，死神对他无可奈何。年轻人迎娶了公主，这是童话故事中固定的结尾。

仓央嘉措说：人世间除了生死，都是闲事。可是当生命权受到挑战时，可谓顶级难题了。年轻人运用逆向思维解决了这个顶级难题，看似简单，实则不易。多数人在解决难题时，想的是从困难之处入手，希望通过直接求解的方法得出答案，但难题之所以难以解决，就是因为正常的、直接的手段已经不能解决问题了。这时不妨转换思维，将思维绕到原本认为不是重点的问题的背后，从反面思考解决问题的方法。

下面给出两种绕道的方法。

第一，抛开现象找本质。

美国太空总署曾遇到一个难题：需要设计出一种笔，以帮助宇航员在任何情况下都能方便地握在手里，书写流畅且不用经常灌墨水。这个问题难倒了一大批科学家，最终却被一个小女孩攻克了。她只给了一个建议：用铅笔。

这个问题本身非常简单，但加上"太空"的条件后就变得非常复杂，原因是人们的思维被禁锢在只能用灌水的笔上了。小女孩却抛开了现象直奔本质——要的不就是一支能写字的笔吗？答案自己出来了。逆向思维就是将表面的复杂逆转为简单，将表面的曲线逻辑拉伸为本质的直线逻辑，逆向思维实际上是一种超越逻辑知识的智能。

第二，超越限制找条件。

某日用品公司为解决流水线上漏装香皂的问题，向全公司员工有奖征询办法。员工提出了好多方法：人工检查，X 光投射检查，流水线改造，等等。一位新入职的员工建议：用功率强劲的电扇吹香皂盒，只要风力设定合适，就能把漏装香皂的空盒子找出来，从而解决问题。

常规办法虽然是约定俗成的办法，却不一定是最简单有效的方法。这就要求我们在工作和生活中，运用逆向思维超越难题本身对我们的限制，找到能够解决难题的一项或几项必要条件。

把自己的思维翻转一下，心中的迷雾就会渐渐散去。这个世界上没有真正的难题，所谓的难题都只是假象，冲破了假象我们就会发现难题是那么脆弱。

高手都擅长"反中求胜"

很多人在面对问题的时候，都会按照自己的惯性思维去思考解决问题的方法，从没想过尝试新方法。如果你正在为了眼前的事耿耿于怀，找不到解决的办法，不妨利用逆向思维来考虑一下。

生活的最大成就是对自己的不断改造，在持续努力中悟出成功的真谛。这个世界丰富多彩，充满了无限可能，不必为了暂时的失意而懊恼。在有限的生命里，为何要固守一隅呢？那份苦闷、等待注定无法与新鲜、丰富的探索同日而语。更重要的是，当告别墨守成规的心理后，你会发现一个全新的世界，一个真实的自我。

一家三口从农村搬到城市，准备找一处房子租住。大多数房东看到他们带着孩子，都拒绝租借。最后，他们来到一座二层小楼的门前，丈夫小心地敲开了大门，对房子的主人说："请问，我们一家三口能租住您的房子吗？"

房主看了看他们，说："很抱歉，我不想把房子租给带孩子的租户。要知道，孩子非常闹心，我需要安静。"再一次被拒绝，夫妻两个显得非常失望，拉着小孩的手转身离开。

孩子把这一切都看在眼里，走了没多远，他转身跑回来，用力敲了敲大门。房子的主人打开门，疑惑地打量着眼前的小家伙。小孩突然对房主说："老爷爷，我可以租您的房子吗？我没有带孩子，只带了两个大人。"房主听完孩子的话，哈哈大笑，最终同意把房子租给这一家三口。

其实，事情没有想象中的那么难，我们只是陷入了思维的定式而已。如果我们懂得转换思维，自然能容易地走出困局，重拾好心情。

在这个世界上，一个能够进行反向思考的人，才是真正伟大的人。学会逆向思考是如此重要，然而在我们身边，很少有人把它当作一种修养。人们喜欢遵从自己的习惯去做事，不懂得彻底否定眼前的一切，这样会限制创新思维，让视野变得狭小。

倘若能转换一下角度，以逆向思维来应对，那么我们就掌握了一个通往成功的诀窍。生活中，我们经常听到各种各样的抱怨，因为无法摆脱眼前的窘境而懊恼，甚至激化矛盾。其实，思维只要改变一下方向，我们就容易发现另一个世界，从而理解眼前的一切。

在各自领域有所成就的人，不是那些一成不变或者因循守旧的人，而是那些敢于创新，敢于打破成规，敢于质疑，敢于作出改变的人。逆向思维是解决问题的有效办法之一，当你陷入固定思维模式的窠臼而自怨自艾时，不妨试着用逆向思维去解决问题。

变换思路让人豁然开朗，心态也会舒畅积极。面对问题的时候，从相反的方向去理解、思考和判断，我们就容易快速找到正确答案，从失意和烦恼中解脱出来。

| 第07章 |

◆

概率逻辑

凡事只要可能出错，就一定会出错

不管你多么聪明，多么优秀，总是无法避免出错。"人非圣贤，孰能无过"，错误是这个世界的一部分，坦然接受错误，并尝试减少出错的概率，才能收获更多的成功。

错误不可避免，它是世界的一部分

凡事只要有出错的可能，就一定会出错。这个定律源于 20 世纪 40 年代。当时，有一位名叫墨菲的空军上尉工程师嘲笑一个同事很倒霉，说了这样一句话："如果一件事情有可能被弄糟，让他去做就一定会弄糟。"

墨菲定律告诉我们，即使人类变得很聪明，不幸的事还是会发生。因为容易犯错是人类与生俱来的弱点，这是不可避免的。人非圣贤，孰能无过。既然我们无法避免犯错，那么就要在犯错之后勇于担当，多思考补救之策，努力取得成功。

很多人在做事的时候，虽然已经预见到可能出现的错误，但是仍然硬着头皮按照自己的方式行事，结果酿成更大的错误。更有甚者，他们企图掩盖错误，最终造成无法挽回的局面。其实，犯错也是一种成长。错误不可避免，但我们要避免三种糟糕的态度。

第一，掩饰错误，结果是错误总会在某个时刻无法避免地暴露出来，而且比当初更加严重。

第二，把自己的错误推到别人头上，这种做法迟早会被人看穿。

第三，对错误耿耿于怀，自我批评当然是好的，但是保持自信也非常重要。

成功是一个不断试错的过程，前提是勇于承担错误。因为只有从错误中吸取教训，才能弥补自己的不足；只有经历了失败的痛苦，才能真正体会到成功的欢乐；只有经历了失败的考验，才有做人的担当。

科技越发达，错误与麻烦也会越大

在科技日益发达的今天，信息社会已经到来，电脑和手机的使用已经普及到千家万户。作为先进的高科技成果，它们是人类的伙伴，渗透到工作、学习、娱乐和交际的各个方面。然而，在给我们带来便捷的同时，电脑和手机也带来了不少错误和麻烦。

第一，电脑。

电脑的功能太强大了，可以说无所不有、无所不能，但是它作为无法避免犯错的人类制造的机器，自然也会犯错。而且，它不像人类，累了、病了还能再坚持一会。如果它要黑屏、死机、罢工、崩溃，从来不和你商量，瞬间就能让你辛苦一天、一周、一个月、一年，甚至数年的劳动成果消失。

毫不夸张地说，电脑比人类历史上任何可见发明都能更迅速地导致更多、更大的错误，因为它的效率实在太高了。一台电脑两秒内闯的祸，能赶上 20 个人 20 年干的坏事。

一次，纽约骑士资本集团的电脑系统出了问题，竟然在一个小时内就执行完原本好几天完成的交易。这一问题导致骑士资本集团的百万股票易手，损失 4.4 亿美元，直接将该集团推向了破产的边缘。

所幸投资人临危不乱，紧急注资 4 亿美元才将集团从破产的边缘拉回来，而纠正这些错误就耗费了将近 5 亿美元。

第二，手机。

一部智能手机，除了正常的通话、短信功能，还有强大的网络互动和应用功能。它既是高像素的照相机和摄像机，也是效果上佳的录音笔，更是随时记录你的位置信息和行踪的 GPS 智能跟踪器。

手机对你的一切行踪都了如指掌，它知道你跟谁最熟，聊什么内容，拍了什么照片和视频，甚至为迷路的你指引方向。在互联网时代，最了解你的不是父母，不是配偶，不是好朋友，而是你随身携带的手机。这些强大功能引发的泄密风险正在呈几何级数增长。

也许有人认为，只要关掉手机就没事了。其实，关机只能让别人无法打通你的手机，并不代表它没有工作。所以，你的一举一动、一言一行，仍被"有心人"掌握。

许多人抱有侥幸心理，认为自己只是一个普通人，使用手机能有什么损失。殊不知，随着互联网爆发式地增长以及各种 App 应用安装到手机上，你的手机从序列号到通讯录、短信、地理位置，各种隐私都有可能会被窃取，有时连银行账号和密码也不能幸免。

今天，我们看过、听过、做过的最尴尬和最愚蠢的事情几乎都会涉及电脑、手机。虽然这些高科技蕴藏着风险，但是人们离不开它。为了避免损失，平时要多备份，多学习电脑知识，改正不良的用机习惯；同时，也要重视保护隐私，注意防范潜在的风险和隐患。否则，一旦造成损失和麻烦，你会后悔莫及。

任何事物都有两面性，电脑和手机这些高科技产品为人们的生活提供了极大的便利，也带来了各种风险。做一个有心人，注意防患于未然，才能给生活提供一道安全的屏障。

如果还能更倒霉的话，那么一定会的

早上睡过头了，以最快的速度穿戴整齐，径直朝公司奔去。可是刚走到楼下，鞋跟儿竟然断了，好不容易到了办公室，又被上司一顿训斥，于是内心不禁抱怨：真是太倒霉了……这便是墨菲定律中"如果你还能更倒霉的话，放心你会的"之真实写照。

生活中，很多人都觉得自己是最倒霉的人，"事情糟得没法再糟了""为什么我这么倒霉"这类话司空见惯。此时，如果你能想起墨菲定律，或许心情就会好一些，因为它会让你明白，自己目前遇到的情况并不是最糟的。

安迪正在院子里修摩托车，妻子在厨房做饭。可是，安迪不小心将摩托车启动了，而且还加大了油门，更倒霉的是他的手卡在了车把手上。结果，他被摩托车拽着朝房子的玻璃门撞去，玻璃碎了一地，安迪最后跌坐在地板上。

妻子听到玻璃破碎的声音迅速从厨房里跑出来，看到丈夫满脸鲜血，立即打电话叫来救护车。安迪被送到医院救治，妻子考虑到丈夫伤势不重，就留在家里收拾残局。她先将摩托车推到院子里，又用工具把地板上的汽油收集起来并倒进了卫生间的马桶里。

过了一会儿，安迪在医院包扎完伤口回到家里。由于心情不好，他在卫生间方便时抽起了烟，并顺手将烟蒂扔进了马桶。接着，妻子在外面听到了爆炸声和尖叫声。妻子急忙跑进卫生间，眼前的一幕让人惊呆了：安迪躺在地上呻吟，脸被炸得乌黑，衣服已经成了碎布片。她回过神来，赶紧打电话叫了救护车。

没想到，医院派来的救护车还是刚刚来过的那辆。护工一边用担架将受伤的安迪抬出来，一边询问原因。当妻子把事情的来龙去脉讲完之后，一个护工忍不住笑了起来。下台阶时，那名护工手脚一软，结果担架倾斜了，安迪不幸掉下来，又摔断了胳膊……

这个事例虽然有些荒诞，却真实地存在于生活之中。所以，不要遇到一点糟糕的事情就抱怨不迭，觉得自己是最倒霉的那一个。真实的场景是，总有更糟的事情你没有遇到，也总有比你更倒霉的人。

生活往往充满了喜剧色彩，让人无所适从。我们常常会遇到下列情形。

◎虽说好的开始未必就有好结果，但坏的开始，往往会有更糟的结果。

◎一种产品保证60天内不会出故障，有时偏巧在第61天出了问题。

◎在选择排队时，一队移动得比较快，你刚换到这一队，原来站的那一队就开始快速移动，你突然感觉自己站错了队。

◎你哪都找不到正想找的东西，等不需要的时候，它却突然出现在你的面前。

◎在电影院里看电影，你刚去买爆米花或上厕所，这时银幕上出现了精彩镜头。

◎有的东西搁置很久都派不上用场，可是刚刚丢掉，你就急需它。

◎你硬着头皮给暗恋对象发了一条消息，等待回复的时间有多长，你反悔的时间就有多长。

◎与恋人出游，越不想让人看见，有时越会遇见熟人。

倒霉还要继续，不要坐以待毙。不妨采取最简单而有效的方法去应对：稳定情绪，及时止损；清理损失，尽快补救；吸取教训，制订对策。其实，只要周密计划，设想各种可能发生的情况或发展趋势，扭转事情发展的方向，在一定程度上可以降低倒霉概率。

墨菲定律带给我们的启示是：一个人日常担心发生的事，都是基于他对接触的人和事的观察、了解而判定，所以事情按"预想"发生的概率往往很高。如果你担心某种情况发生，那么它就很有可能发生；或者说，可能会发生的事情大概率会发生。

越聪明的人，越会允许自己出错

生活中，当出现错误时，人们通常的反应是："真是的，又错了，真是倒霉啊！"更有甚者，要么抓住别人的错误不放，要么抓住自己的错误不放，明明是无足轻重的小失误，却要埋怨、纠结、懊悔好几天，导致接下来的事情也做不好。

殊不知，人类即使再聪明也不可能把所有事情都做到完美无缺。聪明的人允许自己犯错误，他们认为，错误的潜在价值对创造性思考有很大的作用。如果想取得成功，就不能回避错误，而是要正视错误，从中吸取教训，让错误成为走向成功的垫脚石。

有一次，丹麦物理学家雅各布·博尔不小心打碎了一个花瓶。他没有像常人那样懊悔叹息，而是俯下身子，小心翼翼地将满地的碎片收集了起来。

出于好奇，雅各布·博尔并没有把这些碎片扔掉，而是耐心地将其按照大小进行了分类，并称出了重量。结果，他发现：10~100克的碎片最少，1~10克的稍多，0.1~1克和0.1克以下的最多。

令人惊喜的是，这些碎片的重量之间表现为一定的倍数关系，即较大块的重量是中等块重量的16倍，中等块的重量是小块重量的16倍，小块的重量是小碎片重量的16倍……

雅各布·博尔将这一原理称为"碎花瓶理论"，并利用这个理论对一些受损的文物、陨石等不知其原貌的物体进行修复，给考古学和天体研究带来了意外的效果。

从哪里跌倒，就从哪里爬起来。雅各布·博尔不小心打碎花瓶后，并没有纠结、懊悔自己的失误，而是对错误的潜在价值进行了创造性观察与思考，从中总结出规律，并将其运用于工作中。

人类社会的发明史上，有许多人利用错误假设和失败观念产生了新的创意。哥伦布以为找到了一条通往印度的捷径，结果发现了新大陆；开普勒发现行星间有引力，是偶然间由错误的理由得出的……可见，发明家不仅不会被错误击倒，反而会从中得到启发。

在创意萌芽阶段，犯错往往是创造性思考必要的助推器。谁能允许犯错，谁就能获取更多；没有勇气犯错，就很难突破。我们需要做到以下几点：

第一，学会接受不完美。每个人都有别人看不到的缺点，只有在特定的环境中才会显现出来，这与教育、学历都没关系。

第二，不同他人比较。每个人的生活环境都不一样，不必和他人比较，保持上进心，做好自己的事，努力生活就可以了。

第三，选择积极应对。既然错误已经发生，那就采取措施积极应对，避免心生抱怨，甚至一蹶不振。积极作为永远是走出低谷的正确选择。

人们主要是从尝试和失败中学习，而不是从正确中学习的。因此，做事不要怕犯错，犯错后要勇于从错误中找出教训，这才是走出困境的最佳药方。

经验能避免错误，但也会带来新错误

人的一生会面临很多选择，是向左走还是向右走，令人伤透脑筋。有什么样的选择，就有什么样的人生。今天的生活就是以前选择的结果，今天的选择决定了几年后的状况。然而，并不是每个人都能作出正确的选择，这也是让人烦恼的重要原因之一。

我们经常作出错误的选择，往往是因为缺乏经验或盲目利用经验。经验能让人变得成熟、稳重，面对繁杂多变的事物，沉着冷静可以有效避免错误的发生。然而，如果完全不顾已经变化的实际情况，一味照搬照抄他人的经验，则会带来新的错误，甚至失败。

一个年轻人工作了几年，自以为很有能力，在各方面很有经验。为了谋求更好的发展机会，他到一家很有实力的公司应聘。

这个年轻人很聪明，依据以往的经验开始行动。经过一番调查，他了解到公司老板的喜好，准备对症下药。应聘那天，他带了一盒咖啡给老板，还带了一套名贵的化妆品给老板娘，并找到老板最信任的主管说好话。

但是，年轻人落选了。随后，他愤愤不平地找老板理论。结果，对方眼皮都没抬，说道："我们公司需要的是踏实有能力的员工，而不是你这种有心机，总想凭'经验'走捷径的人。"听到这里，他无奈地离开了。

为了生存，一个小伙子到一家公司从事推销工作。月底核算时，他的业绩最差。上级说："你为什么无法把产品卖出去？"

他摇摇头，说："不知道。"

上级说道："因为你总是凭感觉判断客户是否需要你的产品，而不是主动开发客户，开拓市场。"

听到这话，小伙子恍然大悟……

虽然经验能让人知道下次遇到同样的状况时该怎么办，但是也会让人犯教条主义的错误。因为一切事物都是发展变化的，以往的经验不能应对所有的意外。

值得注意的是，如果过分依赖经验，不考虑客观情况，囿于成见之中，会固化人的思路，阻挠人接受新的事物。这样不仅不利于创新，还会产生负面影响，甚至有可能犯下不可挽回的错误。

我们要正确认识经验的作用，切莫掉入经验的陷阱。往更深一层来说，那些掉入经验陷阱的人，不是经验太多，而是还不够多。毕竟一个人对世界或事物的认识程度，是一个螺旋上升的过程。

我们为何总是信心满满地犯错

错觉是人们观察物体时，由于受到形、光、色的干扰，加上生理、心理原因而误认物象，产生与实际不符的视觉误差。它是对客观事物歪曲的知觉，可以发生在视觉方面，也可以发生在知觉方面。

生活中，人们很容易产生各种各样的错觉。比如：当你掂量 1 千克棉花和 1 千克铁块时，会感觉铁块重，这是形重错觉；当你坐在行驶的火车上看车窗外的树木时，会感觉树木在移动，这是运动错觉；飞行员在海上飞行时，面对海天一色的景观找不到地标，经验不够丰富者往往分不清上下方位，这是倒飞错觉。此外，人在一定心理状态下也会产生错觉，如草木皆兵、杯弓蛇影等。

曾经轰动全球的"泰坦尼克号"，当年的制造商曾宣称："这是一艘永不会沉没的轮船。"结果，尽管"泰坦尼克号"发生碰撞的海域远离冰川密集区，"不大可能"撞上冰川，但是它仍然出了事故。

1898 年，英国作家摩根·罗伯森写了一本名为《徒劳无功》的小说。小说中描写了一艘名为"泰坦号"的巨型邮轮，在其首次航行中遇到海上大雾，触到冰山后沉没。故事情节还穿插了旅客的爱情故事以及生离死别。

1912 年，英国人建造了一艘名为"泰坦尼克号"的豪华邮轮，并于同年 4 月 10 日横渡大西洋直驶纽约进行首次航行。出人意料的是，这艘号称"永不沉没"的巨轮仅航行了 4 天，就因撞上冰山而沉没。

令人称奇的是，"泰坦尼克号"沉没的情节、过程与罗伯森笔下的小说如出一辙。

不仅如此，二者还有众多相似之处：小说中描写的"泰坦号"长度243.84米，排水量7.5万吨，载客量为3000人，但只备有24艘救生艇。"泰坦尼克号"的长度是269.06米，排水量4.6万吨，载客量为2224人，只备了22艘救生艇。而且，两船出事后乘客伤亡惨重的原因都是船上的救生艇太少。

这是一个神奇的预言，也是一个值得重视的"预警"。或许"泰坦尼克号"的建造方、管理人员没有看过这部小说。但令人遗憾的是，他们即便看过，也不会认为小说里虚构的故事真的会在现实中发生。他们认为"泰坦尼克号"是"永不沉没"的，对自己太有信心。

其实，"泰坦尼克号"遇难之前，前面的邮轮已经发出了冰山预警。但是，信心满满的船长并未重视，仍然以最高速行驶，并认为凭着自己多年的航海经验，发现冰山后再转舵也可以避开险情。然而，瞭望员并没有装备望远镜，发现冰山时船体巨大的"泰坦尼克号"根本无法快速转弯，最终悲剧发生了……

"泰坦尼克号"船长所犯的错误就是，在经验、情绪等因素的作用下产生了错觉。这种错觉导致其对眼前的客观事物盲目自信，最终在毫无防备的情况下酿成大祸。

关于错觉产生的原因虽然有很多种解释，但是迄今仍然没有完全令人满意的答案。客观上，错觉的产生大多是因为知觉对象所处的客观环境有了某种变化；主观上，错觉的产生往往与过去的经验、个人情绪等因素有关。

错觉虽然奇怪，但是并不神秘，我们可以有效克服，并合理利用。

第一，消除错觉对人类实践活动的不利影响。

例如，倒飞错觉，如果认真研究其成因，在训练飞行员时增加相关的训练，便可以有助于消除错觉，避免事故的发生。

第二，利用某些错觉为人类服务。

建筑师和室内设计师常利用人们的错觉，让空间中的物体比实际看起来更大或更小。例如，在一个较小的房间里，墙壁涂成浅颜色，在屋中央使用一些较低的沙发、椅子和桌子，房间会看起来更宽敞；电影院和剧场中的布景和光线方向也常常被有意地设计，从而产生更好的视觉效果。

错误不可避免，但是可以有意识地防止其发生，从而减少损失。在工作、生活中提升风险意识，绝不高估个人的能力，可以有效降低出错的概率。

◆

第08章

行为逻辑

读懂行为背后的心理奥秘

世界著名心理学大师荣格提出了人格面具理论，即一个人总会展示自己好的一面，以便给人留下好的印象。显然，凭第一印象识人非常不靠谱，我们必须分析人的情绪、语言、习惯，研究人体反应的来源及奥秘，从而破解人性深处的行为密码。

进攻姿态也是愤怒的表达

也许在很多人看来，愤怒的人就应该大哭大闹、摔盆摔碗。其实不然，还有一种愤怒的表达方式，很多人都曾经表现过，那就是进攻。

有研究发现，人在愤怒的时候攻击性会比平时更强烈。这就不难理解，为什么很多人在愤怒的时候出现暴力举动，因为愤怒的情绪需要释放。

高强是一个非常老实的孩子，从不惹是生非。可是，总有一些品行不良的同学欺负他。内向的高强选择了忍耐，没有把这件事情告诉父母和老师。时间一长，那几个欺负他的同学更加有恃无恐，对高强欺凌得更厉害了。终于，他忍耐到极限了。

这一天，当几个同学又一次拦在前面时，高强愤怒了。他一把将书包甩出去，随手抄起地上一根木棍，疯了一样地扑向欺负自己的同学。几个同学被高强的疯狂举动吓坏了，哭着、尖叫着四下逃窜。在那一瞬间，他们真的感到了恐惧，一边跑一边向高强求饶。

一旁的路人见此，连忙跑过来阻止高强。几个身强力壮的男子将高强按在地上，夺过了他手中的木棍。可是，高强依然不说一句话，眼睛红红地瞪着那几个被吓得哆嗦成一团的坏孩子。过了一会儿，学生家长们纷纷赶来，被眼前的这一幕惊呆了。有的家长安慰自己的孩子，有的家长急着和老师沟通，高强的父母轻轻地抚摸着孩子的头，让他慢慢安静下来。

故事中的高强原本是一个懂事的好孩子。在很多人心中，这个孩子绝不可能作出疯狂的举动。但是，一旦外界给予足够的刺激，再友善的人也会情绪失控。此时此刻，他们没有过多的理性，压迫越深，忍耐时间越长，爆发起来越疯狂。这就是人的愤怒情绪。当愤怒袭来时，人们会有很多的反应，比如沉默、咬牙、哆嗦、目光许久地直视等。我们应该注意观察，及时察觉对方的真实心理，以便自己及时作出有效的应对之策。

愤怒的情绪总是伴随着暴力行为，带来潜在的伤害。愤怒积攒到一定程度，脾气再好的人也会具有一定的攻击性。因此，很多智者教导我们做人做事要留有余地，别失去退路。生活中，与人交往尤其要提防愤怒的情绪。不要在别人愤怒的时候火上浇油，尽量给他人冷静的空间。这样对人对己都有好处。

人总会展示自己最得意的部分

人们为什么总是愿意展示自己最得意的部分呢？

我们每个人的潜意识中，都渴望得到他人的认可和赞誉，以此来实现自我。这种下意识的反应被称为炫耀反应。炫耀反应与人的性格有关，每一个人都有，只是有些人强烈一些，有些人平淡一些。炫耀反应分为两种：一种是正面炫耀，另一种则是反面炫耀。正面炫耀，顾名思义就是当事人直接赤裸裸地炫耀自己。

马晴是父母的骄傲。每当父母与别人聊天的时候，三句话不到就开始炫耀起自己的女儿。"我们家晴晴，月工资上万，最近公司老总又让她陪着去香港开会。我家女婿更能赚钱，前段时间给晴晴买了一辆车，两口子现在一人一辆车。"听着马晴父母的夸耀，周围的人都觉得有些不耐烦了。可是，他们俩似乎乐在其中，丝毫不在乎周围人的心情。

"哎呀，行了行了，别夸了。好像就你家晴晴生活过得多好似的。我们只是不愿意说太多。我家孩子和你家晴晴年纪差不多，人家两口子都买第三套房子了，你家晴晴买得起吗？"一个大妈终于受不了晴晴父母没头没脑地显摆开口说道。

这就是赤裸裸地炫耀。反面炫耀与之相反，当事人从不主动炫耀，尽管他的心里非常想炫耀，但是受传统思想的影响，认为得意不可忘形。

"璐子买车了，花了多少钱呀？"三婶家的大女儿问道。

"花了 13 万元。一直劝不让买，两个孩子非要买。"璐子妈答道。

"有什么好劝的，现在年轻人哪个不开车呀，我家那口子前段时间不也换了一辆嘛，嫌以前那辆破，这辆倒是好，裸车还 30 多万呢，前几天不小心划了一道，去补个漆人家竟要 2000 元钱，说是这款车的车漆高档。"三婶家的大女儿眉飞色舞地说道……

看，这就是反面炫耀。她并没有直截了当地说："我们家的车花了 30 多万，是个高档车。"而是接着璐子妈的话题顺便提到自己家的车，接着又借此说出自己家车高档。这种炫耀相对麻烦一点，需要一点技巧和引子，既要达到炫耀的目的，还要显示出自己谦虚。生活中，这种反面炫耀也很常见。

其实，无论哪种炫耀，都必须基于一点，那就是自我认可。也就是说，人们在产生炫耀反应之前一定是先产生自我认可反应。只有自己认为值得骄傲的部分才会愿意对外炫耀。

事实上，对外炫耀也无所谓好坏之分，人人都有炫耀的心理。因为人是一种群居动物，渴望认同感是群居动物的本能。比如，猫是社会感不强的动物，因此它们大都独来独往，而且不会讨好主人。同样的两只猫，它们并不在乎主人喜欢哪只更多一些。狗则不同，狗是社会感非常强的动物，它们在乎并依赖主人。因此，狗会讨好主人。

人类也是如此，非常渴望得到他人的认可，因此产生了炫耀反应。如果让一个人独处，那么他不会产生炫耀反应，炫耀反应只在有他人存在的时候才会产生。值得注意的是，每个人都希望得到他人的认可，炫耀反应要适可而止，理性节制，过度炫耀会让别人感觉不舒服。

互动默契，关系肯定不一般

办公室里总是一片欢声笑语。马东是大家公认的开心果，不仅业务水平高，人际关系也很好。同事们都很喜欢他，但马东更愿意和出纳组的王丹开玩笑。

严格地说，王丹是马东的老师。在马东刚到公司时，带了他一段时间。后来，马东考上了注册会计师，领导开始交给他一些重要的工作，直至让他负责一个独立板块的财务工作。马东升职后，和王丹属于同级别了，加上两人脾气相投，待人又都非常真诚，因此渐渐成了铁哥们。

工作上，只要王丹忙不开，马东肯定会跑过去帮忙。王丹则没有任何客套话，直接分配工作。工作忙完之后，一杯白开水就让马东受宠若惊。同样，马东需要帮助时，也无须多说什么，王丹一定会出手相助。王丹作为出纳组组长，经常和银行打交道，认识很多银行领导，办事非常方便。赶巧，马东最近正在办贷款购房。王丹出了力，马东的贷款顺利地办成了。

在一次单位组织的娱乐活动中，王丹和马东组成一队，代表部门参战。比赛中，参战的人员需要站立在一块方巾上，相互配合，尽量将方巾叠小。比赛过程中，马东和王丹配合非常默契。最后两人相互扶持着，每个人只有一只脚的脚尖着地，将方巾叠成小小的一角。

两个关系好的人彼此之间非常熟悉，互动起来就很默契。这种默契是建立在熟悉和长时间相处之上的。完全陌生的两个人，彼此之间不了解，很难有心照不宣的默契。

默契是指两个人相处久了，从对方的一个眼神儿、一个不起眼儿的小动作中，就能知道他想做什么。由此可见，默契的形成需要深入了解对方，并且越全面越好。越是了解彼此，双方越默契。因此，当你发现两个人配合默契时，可以断定双方关系不一般。

事实上，最了解我们的人应该是父母，而我们与父母之间的默契程度最深。

你的一颦一笑，母亲都能看出背后的心思。当你因为某件事发火时，母亲不仅知道你发火的原因，甚至能够准确说出你的心意，尽管你从来没有向她表露过什么。是的，你的心思瞒不过母亲，与其说这是母子之间心意相通，不如说是母子之间多年培养起来的默契。

很多时候，关系的亲疏与名分没有太大关系。很多夫妻感情非常不好，虽然没有离婚，但是婚姻早已名存实亡。这样的夫妻没有任何默契可言。妻子不明白丈夫的决定，丈夫也不能理解妻子的行为，经常出现互相扯后腿的情况。

世界上没有无缘无故的默契，任何默契的形成，全都建立在彼此相熟、相知的基础上。

人人都喜欢和欣赏自己的人交往

不管是在生活中，还是在工作中，我们都希望被其他人欣赏、赞美、认可、尊重。渴望被赞美、被赏识是人类的天性。人际交往中，人们喜欢和那些欣赏自己的人交往，和他们在一起自己觉得轻松自然、心情愉悦。

其实每个人都很看重自我，即便是自卑的人也很看重自己，我们依赖于对自己的期望。不过，在成长的过程中，其他人的评价也会对我们产生很大的影响，因为我们都会努力迎合他人的期望，或者说我们希望被他人认可、欣赏。当我们被批评、被质疑的时候，自信会被削弱，我们甚至会怀疑自己的能力。但是当有人给予赞许的时候，我们又充满正能量。

其实，那些打击我们自信心的人，并不是优秀的人，他们往往心胸狭窄，能力也很有限。那些真正有实力质疑我们的人，反而会鼓励我们去尝试。所以，在人际交往中，要多和欣赏自己的人交往，因为他们能给我们带来正能量。

星期天，很久没做头发的周丽来到美发中心，打算做头发。在和理发师沟通之后，她打算剪个短发。但是头发剪好之后，周丽却发现和想象中的发型有很大的差距，觉得这个发型实在不配自己的脸型。原本很好的心情全被破坏了，周丽还和理发师大吵了一架。

周一上班，周丽还没从发型的坏心情中走出来，在见客户的时候连基本的礼貌都忘了。而且在和客户交谈的时候，周丽怎么看客户都不顺眼，差点和客户闹翻。在告别了客户之后，周丽心情低落地回到了公司，刚进办公室就被两个新来的实习生围住了："周姐，你剪头发了，真好看，看上去又清爽又简洁，感觉更年轻了。"其他同事闻声也纷纷夸赞周丽的新发型。

在同事的鼓励声中，周丽原本糟糕的心情很快"阴转晴"，对理发师的怒气也消了。下午再去见客户的时候，周丽的心情完全不一样了，而且她看每一个客户都特别和蔼。和他们交谈的时候，周丽也是面带微笑，轻松自然。

日常生活当中，并非所有的人际关系都和谐融洽。很多时候，生活中的琐事、工作上的压力会让我们失去热情，变得焦虑，心中常常想起一些不愉快的事情。这时候，我们最渴望得到认可，渴望被欣赏、被赞美。

林肯曾直言不讳：人人都喜欢被称赞。威廉·詹姆斯亦曾断言：人性的根源深处，强烈渴求着他人的欣赏。我们都希望能够得到他人的欣赏和赞美，因为这会帮助我们树立自信。

所以，应该多和那些能够帮我们树立信心的人交往，和那些会激励我们、对我们抱有殷切希望的人做朋友。在和欣赏自己的人交往的时候，我们是轻松的、愉快的。当然，对于欣赏我们的人，我们也会报以欣赏，这样双方就会在互动中给予彼此信心，从而实现双赢。

吃醋是因为对爱没有自信

贞观年间，唐太宗曾赐给自己的爱臣房玄龄几名美妾，房玄龄却不敢接受。唐太宗知道房玄龄的妻子是有名的悍妇，所以才会这样做。

于是，唐太宗派太监带着一壶"毒酒"去传旨，如果房夫人不接受这几名美妾，就赐给她"毒酒"一壶。房夫人面无惧色，接过"毒酒"一饮而尽，但是她并没有毙命。原来，壶中并不是毒酒，而是醋。唐太宗一是为了试一试房夫人，二是考验一下两个人的感情。不过，"吃醋"的故事却从此流传开来。

其实面对爱情，所有人都是自私的，不管是处于热恋中的男女朋友，还是步入婚姻的夫妻。这种自私如果表现在另一半和异性的交往上，就会出现我们常说的吃醋现象。看到另一半和异性有什么亲密的举动，当事人内心就会不舒服，就会吃醋。

吃醋也因人而异，有的人醋劲非常大，稍不如意，就会把自己的不满和愤怒都表现出来；有的人则会压抑自己，无论自己对另一半多么不满，他（她）都会憋在心里不说出来。吃醋虽然是一种嫉妒心理，但也是爱情中的一味调料。吃醋本身并没有什么错，但是如果吃醋太过频繁，不仅无法增进情侣之间的感情，反而会成为爱情的杀手。所以，心理学家认为，人在吃醋的时候，一般会有两种心理。

一种是对自己和爱人的感情缺乏自信。这种心理多数因为自卑产生，他（她）们的心里会有这样的念头：他们看起来更般配；追求她的人比我优秀得多，她为什么会喜欢我呢；和她比起来，我觉得自己各方面都比不上。自卑的心理让他们不自信，当看到另一半和异性有了亲密的动作，仅仅是另一半帮异性拉了一下门，给了异性一个微笑，他们就会醋海翻涌，甚至会为此大哭一场，或者大闹一场。

另一种就是占有欲太强。他们不允许自己的情侣和其他异性交往，即便是礼节性的交往都不允许。如果自己的伴侣和其他异性交往了，他们就会大吵大闹。这种情况多数是无理取闹，但是他们却不这么认为，他们认为伴侣就是属于自己一个人，不应该再和其他异性有任何的来往。

由于占有欲过于强烈，陷入嫉妒中的人会时时刻刻紧盯自己的爱人，生怕他（她）和其他异性有交往。最后，爱人无法忍受失去自由而提出分手，这样的事例不在少数。其实占有欲太强，也是对自己的爱情不自信的表现。

不过，吃醋的人也不都表现得特别明显，有的人很会掩饰自己，他们不想让爱人知道自己是个"醋坛子"，不想让爱人知道自己对两个人的感情没有信心，所以会掩藏自己的醋意。如果爱人是一个对感情不太敏感的人，对于对方的醋意没能及时察觉，并作出回应。时间长了，这些"醋坛子"就会觉得自己受到了冷落，认为爱人心里爱着的并不是自己，他们可能会就此提出分手。当然，这样的分手会让那些感情迟钝的情侣觉得莫名其妙。

很多时候，吃醋的人觉得自己喜欢的人非常有魅力，会被许多人喜欢和追求。这样的心理是因为他们不相信伴侣对自己的爱，不相信伴侣会把所有的爱给自己，更不相信那些出现在伴侣身边的人。其实说到底，他们是不自信，不相信自己是一个能够被爱人宠爱的人，所以他们不信任伴侣给自己的爱，也不相信自己给伴侣的爱。总之，就是不自信，没有安全感，而这样的感情势必无法长久。

◆

第 09 章

迭代逻辑

为人生赋能，永远无惧变化

技术不断突破、产品不断创新、商业模式不断变革，每个人、每个企业都会面临淘汰。人生如何走出迷茫？迭代逻辑思维帮你在变化中取胜，抓住成功的机会。

没有计划的人很难实现梦想

计划是一个人对目前以及未来的规划，一个有计划的人做事有条不紊，并且每件事都有目的性，成功对他来说是实行计划的结果。而没有计划的人，纵使心怀梦想，也很难实现。

成功不是想想而已，如何才能成功？应该怎样做？目前要做什么？如果连这些计划都没有，便只能面对失败。

有的人在大学期间成绩优秀，能力也很强，但是多年以后并没有什么成就；而那些早年为人低调的人，却在后来有所建树，让人刮目相看。他们的区别在于，是否提前制订了计划。

李利从大一开始就参加各种活动，他说这可以锻炼自己，以后找工作也能派上用场。同时，他还参加各种培训考试，因此每天忙得团团转。

同宿舍的王瑞与之截然相反，王瑞有明确的目标，准备将来出国留学，因此，他很少参加社团活动，总是在图书馆专心学习。

大学期间，李利是学校的风云人物，他能言善辩、容貌帅气，成了众多女生心目中的男神，而那时的王瑞却不修边幅，戴着厚厚的眼镜，穿着一双球鞋来往于宿舍和图书馆之间，丝毫不能引起大家的注意。

大三下半年，李利不得不将手上各种社团的管理权交给下一届，这是学校的传统。此后，除了上课，李利整日无所事事，不知道做什么，而王瑞依旧忙碌地学习着。

大四那年，李利开始参加各种考试，公务员、研究生、企业招考……

他需要准备的东西太多，结果没有一件事做到位。毕业时，王瑞顺利出国，学习金融专业，而李利则进入一家小公司做了业务员。

多年后同学聚会，酒桌上的李利没有了当年的意气风发。虽然是一家小公司的业务主管，但是在众多成就斐然的同学面前，他在事业上平淡无奇。

而王瑞衣衫革履、风度翩翩，让人很难想象他就是当年那个戴着厚厚的眼镜、沉默寡言的男生。据说他已经创办了公司，公司的估值超过1.2 亿美元。

其实从一开始，李利和王瑞就在走不同的路。李利开始就没有计划，一边追随大家参加社团活动，一边参加各种培训考试，根本没有明确的目标。随波逐流之下，他只能走一步看一步，听从命运的安排。

而王瑞从进入大学校园的那一刻起，就制订了详细的计划。他做的一切都有明确的目的，最后出国、创建公司也就理所当然。

生活中，李利、王瑞的遭遇很常见。有的人没有目标，没有计划，于是盲目地做着一切，很难在自己的领域里有所建树。有的人很早就开始计划自己的人生，使后来的发展有特定的轨迹，有所成就看起来也顺理成章。

拥有美好梦想的人比比皆是，而成功者却屈指可数。只是口头上的羡慕却没有之后的行动，只能是痴人说梦，而盲目的行动以及毫无计划的努力只会徒劳无功。

想有所作为、梦想成真，就要计划现在、计划未来。如果你不清楚自己的目标是什么，首先要搞清楚方向在哪里。如果你有明确的目标，那么请静下心来，做一份详细的计划书。你可以给自己一个期限，一年或者三年，这段时间你要达到哪一个目标。这段时间的每一天，每一个小时，你要怎样做，要做到什么程度。

这是一个充满竞争也遍布着各种机会的时代。但是，如果你没有计划，就只能被淘汰、被计划掉。从这一刻开始，试着做计划吧，计划你的现在、未来，计划你生活中的每一分、每一秒。

遇见未知的自己

在我们身边，总有一些人对生活、工作抱有不满，虽然一直怀揣着梦想，却始终无法得志。还有一些人一直在暗自思忖，如何让自己的人生过得更精彩，但平日里却不思进取，安于现状。他们之所以无法如愿以偿，是因为长期以来被固有的习惯、思维所束缚，虽然有各种目标及理想，却从来不曾为此付诸行动。

1905 年，乔治·凯利出生在堪萨斯州的一个农场。高中毕业后，他取得了物理学学位，来到明尼苏达州教授公共演讲。后来，他放弃了教学工作，进入衣阿华州立大学学习，并获得心理学博士学位。

在大萧条时代，农业家庭面临着各种各样的困难，乔治·凯利深知这一点。于是，他立志做一个热情的心理学家。起初，他借鉴弗洛伊德的心理学方法，让农民们躺在沙发上，将自己的梦境描述出来。可是，对文化程度很低的农民来说，这套理论太难以理解了。为此，他创造了一种更为实际的方法解决大家的问题。

凯利的早期发明之一是"镜子时间"。他让人们在镜子面前坐半小时，观察自己在镜中的样子，然后回答下面的问题：你喜欢镜中的人吗？镜中的人是你理想中的样子吗？你在自己的脸上是否发现了一些别人不曾注意到的东西？虽然凯利知道人们很喜欢盯着自己的眼睛看，但他并不确信这种对镜沉思的方法能给人带来益处。所以，他决定根据此前公共演讲教学的经历，鼓励人们探索其他看待世界的方法。

之前大量的治疗经验告诉凯利，人的性格是多变的。就好像演员在职业生涯中会扮演各种类型的角色一样，人在一生中也会变换不同的身份。

除此之外，凯利还坚信，人们看待自己的方式是心理问题产生的根源。因此，为了给病人做好心理治疗，首先要帮助他们建立正确的身份认同。他给自己的方法取名为"固定角色治疗"，随着时间的推移，他还发明了一系列帮助人们建立新的身份认同的有效方法。

固定角色治疗的第一个阶段包括多种练习，目的在于帮助人们深入认识自己。其中，最经典的一个练习是将自己和熟人进行对比，从而确定其划分人群的心理特点。此外，还有一个练习，是以第三人称的方式写一段简短的自我介绍。

然后，当事人要根据以上练习得出的结果，建立一种全新的自我认同。显然，这需要被测验者对自己的性格进行全面检查或者调整。接着还要认真想一想，当面对生活中的各种遭遇时，这个"新的自己"会如何行动。最后，进行角色扮演，以准确把握全新的行为方式。

在固定角色治疗的第二个阶段，最好用两个星期的时间扮演这个全新的角色。结果表明，几个星期之后，人们完全忘记了自己是在扮演，至此一种新的身份认同已然形成。

凯利在研究中经常听到病人陈述，这个新的自己之前一直就存在，只不过没有被发现而已。于是，通过扮演自己想要成为的样子，人们建立了新的身份认同，遇见了另一个自己。

很多人无法成功实现设定的目标，或难以达到全新的高度，并不是能力不足，主要是因为当事人被自己固有的性格所束缚。事实上，普通人根本想不到通过固定角色治疗完成自我救赎，遇见未知的自己；另一方面，这个全新的、充满正能量的自我恰好能够实现预期的目标，完成长久以来未曾实现的目标。可以说，在没有发现另一个神奇的自我之前，许多努力都是白费的。

人的潜能是巨大的，不过在苦难面前，它很容易被埋没，或消解得烟消云散。尤其是个性悲观、消极的人，几乎感受不到它的存在，也无从发现一个神奇的自我。对自我设限的人来说，困境就意味着失败；但对一个意志坚强、目标坚定的人而言，走投无路往往能激起内心更大的潜能。

你梦想着有所成就，千万别给自己的人生设限，坚持不懈地去探索、尝试，终究会有无穷的发现，并遇见那个未知的自己。

不要拒绝看似不可能完成的任务

1927 年，鲁迅先生在《无声的中国》一文中写道："中国人的性情总是喜欢调和、折中的，譬如你说，这屋子太暗，在这里开个天窗，大家一定是不允许的，但如果你主张拆掉屋顶，他们就会来调和，愿意开天窗了。"后来，人们将这种心理叫作"拆屋效应"。

人类有两种本能：战斗和逃跑。毫无疑问，战斗需要消耗更多的能量，因此逃跑成为人类生存下去的有效手段。但是，周围环境在不断变化，如果故步自封，就将面临被淘汰的压力。

当一件看似不可能完成的任务摆在面前时，大多数人出于本能会后退一步，选择把烫手的山芋扔给别人。这样做的结果是，他们可能终其一生都没有勇气向不可能完成的工作进行挑战。而情商高的人，即使没有在面对"烫手山芋"时主动请缨，也不会说"我做不了"这样的话。

乔伊在公司工作多年，虽然没有任何职位，但为人稳重，任劳任怨，得到了公司大多数人的肯定和赞赏。大家都认为，他升职是迟早的事。

有一天，经理得知外地一个小城镇需要公司的产品，便有意选派人员前往。大家都知道这项任务艰巨，纷纷退避三舍，乔伊看到这种情况，就主动承担了这项任务。

不出所料，乔伊在小城镇接连遭遇挫折。他在该城联系了几家工厂，虽然事先和几家工厂的负责人通过电话，但到那里之后，他发现要和一群素未谋面的人建立信任、达成共识，并签下合同，实在太难了。尽管如此，他仍然详细解说了本公司的产品，还真诚地给那些工厂作盈利分析。

这一天，乔伊偶然遇到了一个只有一面之缘的客户。虽然并无业务来往，乔伊却准确地说出了对方的名字，令客户大为感动，双方很快签署了合作协议。在这个客户的带动下，有好几家公司也和乔伊签了约。

当他准备离开小镇的时候，签约的客户已经达到了八家。

经理得知乔伊要回公司，不仅亲自迎接，还送上了一份迟到的任命通知。原来，当乔伊主动接下这个任务的时候，总经理就决定给他升职了。

很多时候，人们会将眼前的困难放大，尤其面对领导分配的难以完成的任务时。殊不知，这样的任务虽然要求很高，但上司的心理期望值并不高。

此时，如果你习惯性地说"我不行"，领导可能会觉得你真的不行，以后就不会给你派任务了。这样一来，你虽躲避了挑战，但同时也失去了机会。相反，如果你先把工作接下来，然后抱着"这个我做起来有点难，但是我会努力"的心态做事，最后就会有超乎想象的收益。即使完成得不够好，你也不会损失什么。

"只要有无限的激情，几乎没有一件事情不可能成功。"平庸的人喜欢用"不可能"，他们总是说这不可能，那不可能，其结果就是真的不可能了。

如果你想有所作为，就不要拒绝看似不可能完成的任务，应该用一种良好的应战心态，勇于接受挑战。许多事情看似不可能，其实是工夫未到。请记住：只要去做，一切尽在掌握。

当困难摆在眼前时，人们习惯性在心理上将其放大，这源于人类逃避的本能。我们要勇于向不可能完成的任务发起挑战，只要工夫到了，总会有所收获。

成功法则：一万小时天才理论

20 世纪 90 年代，诺贝尔经济学奖获得者赫伯特·西蒙、心理学家安德斯·埃里克森，共同提出了"一万小时天才理论"。这一理论告诉人们，"天才"之所以非比寻常，不在于天赋异禀，而在于其对某项技能进行了一万小时的训练。

也就是说，进行至少一万小时的专业训练，你就能成为某方面的专家。反过来说，在任何一个专业领域，如果缺少"一万小时"的训练，即使有再突出的先天优势，也无法成为这一领域的领军人物。

一万小时是一段很长的时间，如果每天练习 3 个小时，每周练习 7 天，那么需要 10 年才能达成一万小时的练习量。如果没有超人的毅力，恐怕很难坚持下来。那些成功的专业人士之所以能成为行业领军人物，也可以用"一万小时天才理论"来解释。

你是否因为自己的平庸表现而苦恼？你是否因为业绩平平而焦虑？那么，不妨了解一下"一万小时天才理论"，指导自己作出改变，从而在工作中日益精进。

学会一种技能非常重要，无论它多简单。然而，能够持之以恒地努力，成为专家级人士，就不是轻易能做到的了。在漫长的努力过程中，你要忍受寂寞、煎熬和枯燥，当心绪不平的时候，如果没有强大的情绪掌控能力，很难坚持到最后。

披头士乐队是流行音乐界最受欢迎的摇滚乐队，这支来自英国利物浦的乐队成立于 1960 年，此后取得了巨大成功，也赢得了无数荣誉。他们的成功不仅源于他们在摇滚乐方面的创新，更离不开他们的努力与坚持。

起初，这支乐队并不起眼，一个偶然的机会，他们被邀请到德国汉堡演出。在 1960 年到 1962 年间，披头士乐队往返汉堡 5 次，第一次就演出了 106 场，平均每天演奏 5 个小时，第二次演出了 92 场，第三次演出了 48 场，共 172 个小时。

在 1964 年成名之前，他们其实已经进行了大概 1200 场演出。与现在的乐队相比，这个数字简直就是传奇，频繁的演出锻炼出非凡的唱功，也铸就了披头士的辉煌。正是惊人的努力让这支乐队大放光彩，赢得了世界人民的喜爱。

也许大部分人会认为，披头士的成功主要依赖于 4 个人与生俱来的音乐天赋，但是，他们坚持不懈地练习也是成就辉煌的保证，为他们的演艺道路奠定了坚实的基础。

在任何行业、任何领域，只有坚持练习，让工作技能越来越熟练、专业经验越来越丰富，才能有更大的成功机会，并展示出高超的专业素养。

人生短短几十载，如果不珍惜积累沉淀的机会，而是一味抱怨怀才不遇，或者虚度时光，终将没有长进，更会随着时间的流逝一事无成。一个人的才华和能力都是有限的，唯有勤奋努力的人才能成为行业的佼佼者，在业内站稳脚跟。

机会总是青睐肯努力、有准备的人。扔掉抱怨情绪，抛弃自怨自艾，静下心来投入到工作中去，努力将自己的才华、能力提升到新高度，在自己的岗位上发光发热，你就不是一个平庸的人。

不管多么困难的工作，多么难掌握的技巧，只要坚持不懈地磨炼自己，终会有一天达到理想的目标。成功者从来不会对困难屈服，总会坚持自己的理想，想方设法地让自己接近奋斗目标。

让优秀的习惯成为一种本能

婴儿出生以后，天生就会哭、会吃奶，这些并没有人教给他们。那么，他们是如何做到的呢？答案只有一个，那就是本能。本能，是我们一出生就具备的能力，在没有人教导的前提下，天生就具备的反应能力。

人类是社会不断发展的产物，随着时代进步，人类经过后天学习和训练掌握了许多技能。这些技能熟练到一定程度以后，会变成一种自然而然的惯性动作，成为一种本能性的反应。

无论是本能还是习惯，都是我们生存的特定能力。在远古时期，人类只懂得狩猎或渔猎，食物都是从大自然中直接获取；后来，人们学会了耕种，食物种类变得更加丰富；直到现代社会，人们不仅拥有种类繁多的食物，还创造了一些自然界不存在的食物，让生活更加丰富多彩。

今天，许多习惯已经成为人类社会生存的本能和共识。从饮食习惯、居住习惯到服饰习惯、出行习惯，这些约定俗成的规矩已经内化为社会文明的一部分。从个人成长角度看，让优秀成为一种习惯，进而内化为一种本能，则是我们获得幸福、取得成功的关键。

让习惯成为本能并不是一件困难的事情。在这方面，美国职业游泳运动员菲尔普斯就是一个典型的例子。

2001 年，年仅 16 岁的菲尔普斯打破了 200 米蝶泳的世界纪录；2003 年，在巴塞罗那世界游泳锦标赛上，他一个人夺得 6 块奖牌；2004 年，在雅典运动会上再次打破个人纪录，荣获 8 枚奖牌；2008 年北京奥运会，菲尔普斯获得了 8 枚金牌；2016 年，他在里约奥运会 200 米个人混合泳决赛中，以 1 分 54 秒的成绩摘下了自己职业生涯中的第 22 枚金牌。

菲尔普斯在泳坛是一个奇迹，成功的背后是他艰辛的努力和付出。其实，菲尔普斯并非拥有游泳天赋，9 岁那年，他被医生告知患有注意缺陷障碍伴多动症，主要特征就是在运动中缺乏持久性，即不适合运动。

一次偶然的机会，菲尔普斯遇到了游泳教练鲍勃·鲍曼。通过一次测试，鲍勃·鲍曼建议菲尔普斯放弃其他运动项目，专攻游泳。每周练习 7 天，每天至少在泳池中游 5 个小时，枯燥单调的训练项目、潮湿压抑的空气、周而复始的动作，日复一日、年复一年。菲尔普斯刚开始认为坚持下来很困难，但是时间久了这些运动就变成了习惯和本能。最终，他在赛场上如一条飞驰的海豚，穿梭在浪花里。

菲尔普斯的成功验证了将习惯变成本能的可操作性，这对于我们来说也是一种激励。没有人一生下来就会做什么，所以一定要保持一种习惯，将习惯养成并周而复始去训练，让它成为一种本能反应，从优秀迈向卓越。

那么，如何将习惯变成本能呢？

首先，任何时候都要保持信心。万事开头难，将习惯转化成本能，并不是一件轻松的事情，这个过程中需要我们重复某一动作或行为。面对枯燥的事情，需要强大的信心作为支撑。

其次，拥有将习惯变成本能的决心。条条大路通罗马，只要下定决心没有办不成的事情。一个动作做一次不是难事，养成一种习惯可能需要花些时间，但是把习惯变成一种本能则需要下很大功夫。如果没有必胜的决心，那么我们就不会走得太远。

最后，有将习惯变成本能的耐心。耐心是考验一个人心智是否成熟的重要指标。好不容易把习惯养成了，却因为精神懈怠而放弃，那么之前的努力就白费了。真正将习惯变成本能，还有很长一段路要走，还需要付出更多努力，缺乏耐心万万不可。

| 第 10 章 |

◆

批判逻辑

批判性思考带来正确决策

你还在被传统思维模式束缚，丧失独立思考的能力吗？批判性思维，让你正确思考人生，不再因"无知"走弯路。

懂得变通，不要牺牲在牛角尖里

撞了南墙也不回头的人，不是执着，而是钻进了牛角尖里却不自知。人们常说"条条大路通罗马"，尤其是在当今这个瞬息万变的社会，墨守成规的结果往往是什么都做不成。有时候不必太过执着，多一点变通，让生活转个弯，反而会收获更多。

有些人过于倚重经验，虽然经验能够帮助我们规避很多陷阱，少走弯路，但凡事都有两面性，一旦被过往的经验束缚了头脑，被习惯性的思维关进了樊笼，经验就会成为无法突破自我的枷锁。

做人做事不要太死板，在适当的时候要学会摒弃经验主义，具体问题具体分析。只有这样，我们才能在理性分析的基础上，找到通往成功的有效路径。

李强所在的地区近两年推广苹果种植，由于这里紧靠高速，运输方便，吸引了不少人前来采购。

周围的人看到采购的人络绎不绝，而且价格也不错，于是一窝蜂地种苹果树。李强是最早一批种植苹果树的农户，也确实赚了不少钱，但令人不解的是，这年春天他把苹果树全部砍掉，种上了柳树，此举一度成为当地的热点新闻。

"那么好的苹果树被砍掉，真是可惜。如果是我一定起早贪黑地精心护理，怎么舍得轻易砍掉，真是可惜。"

"有钱不挣真是傻子一个，李强这小子就是疯了，他坚持砍果树，不想挣更多的钱，谁也拦不住。"

……

李强听到这些风言风语，从不为自己辩解，而是一笑而过。3 年后，大家一窝蜂种植的苹果树终于迎来了收获期，但是这并没有给果农们带来丰收的喜悦。由于苹果产量增长了好几倍，采购价格非常低，为了避免更大的损失，大多数人都选择了低价出售。

当所有人都为出售苹果发愁的时候，李强却在喜滋滋地迎接客户，原来他种植柳树是为了编制礼品筐。柳条编制的水果篮独具特色，十分雅致。在各大超市、批发市场，这种柳条编制的水果礼包非常受欢迎。李强的柳条包装在当地独一无二，因此很快销售一空，还卖出了非常不错的价格。

直到这时，人们才意识到，李强当初砍掉苹果树不仅不愚蠢，反而是懂得变通的明智之举。大家只知道种苹果赚钱，却没想到一窝蜂种植苹果树会压低苹果的价格，陷入"种苹果赚钱"的牛角尖无法自拔。

做任何事情都要坚持批判思维，拒绝盲目追随他人行动。如果一味钻牛角尖，无法对未来形成前瞻性判断，必然会失去对局面的掌控，陷入被动局面。那么，如何用批判思维考虑问题，掌握变通之道呢？

第一，换个角度看问题。

你百思不得其解的问题，站在旁观者的角度来看很可能只是个小问题，所以当你迟迟找不到解决办法时，不妨换一个角度，转换思维，寻找新的突破口。

第二，学会跳出惯性思维。

惯性思维是导致我们钻进牛角尖的一个重要因素。如果不想被其束缚而失去变通能力，那就从现在开始跳出惯性思维，用新办法解决问题。

第三，辩证性地看待问题。

从哲学角度来讲，任何事物都具有正反两面性，要学会用辩证的眼光看问题，从正反两方面，不同的角度、立场去思考问题。只有这样我们才能懂得变通的意义，才不会被思维困在原地。

在错误的路上，越执着的人往往错得越离谱。千万不要被固化的思维束缚住头脑，学会批判性地考虑问题，懂得变通做事，才能更容易找到通往成功的路，收获更加快乐的人生。

大势不好未必你不好

做任何事情都要注重趋势，找到适合自己的发展路径。研究社会经济不难发现，大多数公司都是在对市场的混沌认识之下发展起来的，往往无法把握未来的发展趋势。

在互联网刚刚被大家认识的时候，搜狐、新浪这些公司的创业者们也不知道网站到底怎样做才好，甚至走了一些弯路，最后才回到正确的轨道上来。那时候，互联网还没有形成规模，还不被大多数人了解和看好。在大势不好的情况下，早期创业者用自己的智能成就了互联网的繁荣时代，公司规模迅速扩张，并成功上市。

然而物极必反，随之而来的是被业界称之为的"互联网的冬天"。

谋大局者要善于在行业发展的冬天生存下去，而不至于倒下，这样才能延续生命，甚至获得新的发展机遇。冬天来临，究竟鹿死谁手还不知道呢，只有坚持下来才能笑到最后。

坚持批判思维更有助于把握大势，避免被牵着鼻子走。以企业为例，遭遇发展危机并非只是外部环境作用的结果，根本原因还在于内部出了问题。为此，经营者要避免以下几种错误决策：

第一，业界的浮躁，导致一种新理念兴起而盲目跟风，最后公司垮掉。比如，一个城市突然冒出上万家××店，而且卖的东西大同小异，供过于求，到最后能不死掉一批吗。

第二，盲目追捧和投资。许多人只是听说某行业很赚钱，就盲目跟风，导致到最后市场不但饱和，而且都把产品做烂了，所以死了一大批公司。

大势不好的时候，行业内一些发展不良的组织会倒下，这非但不是冬天来临，反而有利于行业的良性发展。因为正是这些落伍者的死掉，给众多盲目的追随者敲响了警钟，从而理性思考未来发展的问题，结束浮夸成风、急功近利的做法。有大格局的人能够看清这一切，在理性思考中牢牢把握前进的方向。

大趋势里蕴含着发展良机，也隐藏着陷阱。拥有批判思维的人能够全面、理性地看待这些问题，不迷失方向。现实世界永远是一个鱼龙混杂的局面，我们既要懂得追随大势去行动，也要相信"大势不好未必你不好"。

你认为不值得去做的，往往无法做好

人们常说，鞋子合不合适只有脚知道。在生活中会有方方面面的比较，应不应该和值不值得便成了我们是否做一件事的衡量标准。

比如初入职场，由于经验不足，人脉不广，总是会被安排做一些出力不讨好的工作，或者被扔在一个无人问津的小角落。这时你肯定会认为，自己根本不应该花时间去做这些不值得做的事情。

当你不得不做自己认为不值得的事情时，你会敷衍了事。

人们总是主观臆断一件事情值不值得做，却不考虑自己究竟能否完美地完成它。静心想想，当自己面对一件看似微不足道的小事情时，是否能够很轻松地把它做到尽善尽美呢？

高欣是一名设计师，大学毕业后，应聘到一家建筑公司上班。她常常在公司和工地之间奔波，因为不断进行实地勘察才能避免工程出现错误。这样一来，她就非常辛苦。

在设计部，高欣是唯一的女员工，老板曾说这种体力活她可以不做，但是，为了更好地完成工作，她从未缺席，就算爬很高的楼梯，或去野外勘测，她也从不抱怨。在这件事上高欣做得比许多男同事还要好。

有一次，老板下达了一项紧急任务：三天之内给客户制订一套可行的设计方案。几乎所有人都认为，时间太短了，不可能完成，而且也没有额外的酬劳，不值得去做。老板非常无奈，想到高欣平时挺勤快的，最后就把项目交给她来做。

高欣没有考虑这项任务值不值得去做，拿上相关资料就直奔工地。在接下来的三天里，她没有吃过一顿饱饭，没有睡过一个好觉，脑子里想的全是项目，只想着怎么样把它做到最好。遇到不会的东西，她积极查资料，虚心地请教同事。没想到，一开始被大家认为难度太大的项目，最后高欣却完成得很好。

经过这次事件，高欣成了大家关注的焦点。不久，她被老板破格提升为设计部的主管，薪水增加了好几倍。之后，老板在会议上说，不只是因为上次的任务完成得好才提拔高欣，更重要的是，她不会草草应付上司交代的任务，任何时候都拼尽全力。

工作中不存在任何微不足道的小事，每件事都需要认真对待，努力完成，态度是至关重要的。当你认为一件小事不值得去做时，你可能错过了一个做大事的机会。

很多人都有眼高手低的毛病，面对自认为不值得做的事情，他们会找各种理由搪塞。可是，在做一件自认为值得做的事情时，又常常做不好。事实上，每一件大事的成功，都是平时认真做小事积累经验的结果。

总是找借口推托，就会错失良机，忘记自己的职责。所以，与其花时间和精力去判断一件事情是否值得做，不如认认真真做好每件事情，这既是对工作负责，也是对自己的人生负责。

抄近路往往是最远的路

"两点之间直线最短"这个几何学公理给人们造成一个错觉：从一个点到目标点，走直线最近。于是，人们都学会了抄近路、走捷径，美其名曰"节省时间"。

生活中，行人为了抄近路，不惜横穿马路、跨越围栏，结果酿成惨祸；开车的为了抄近路，不惜走陌生的小路，结果出现意外状况，绕来绕去走了许多冤枉路。

工作中，自作聪明的人做什么事都喜欢耍心眼，结果被淘汰出局；自私懒惰的人，总想投机取巧、不择手段挣快钱，结果受到了道德的谴责和法律的制裁。

在现实中，两点之间绝大多数情况下无法走直线。如果做事情总想着抄近路、走捷径，不仅难以快速到达，反而要花更多的时间。

一个天高云淡、风清气爽的周末，王毅约了几个好朋友一起爬山。一路上，大家有说有笑，不知不觉就爬到了山顶。

到了返程的时候，大家都有些累了，于是想找捷径下山。这时候，王毅突然发现前面有一条羊肠小道，似乎有人走过。从这条路远远望去，还能看到山下的停车场。于是，他把这个好消息告诉了大家。

大伙儿一看，果然是一条捷径。他们非常高兴，当即决定沿着这条小路快速下山。然而，走了一段路之后，他们看见了一道断崖，小路在此一拐，伸向远方的一个小山村。大家一筹莫展，只得先向小山村方向走。中途又拐上另一条弯弯曲曲的小道，结果迷路了，被围困在峭壁悬崖边无法下山，最后只得报警求助。

当救助人员赶赴现场时，他们已经被困 7 个小时了，饥饿和寒冷使得几个人抱在一起发抖。

人总是想走捷径，即使吃了亏也很难彻底改变，这是人类的惰性和自作聪明使然。社会的发展日新月异，人们比以往任何时候都想更快达到目的，但需要注意的是，在这一过程中万万不可触碰了底线。

寻求变通无可厚非，然而首先必须对眼前的情况或要解决的问题有一个全面的分析。拥有发现独特的眼睛以及敢于创新的头脑，才能找到与众不同的解决之道。否则，盲目地走捷径，只会踏上弯路。

人的伟大之处在于知道自己很渺小

今天不知道明天会发生什么，甚至此刻也无法预计下一秒的状况。即便你做好了准备，计划了许久，生命的轨道也会因为某一个意外而偏离预设的方向。在自然面前，人显得那么渺小。

昨天你还看到一张鲜活的笑脸，今天他就可能陷入伤感的状态。人生充满了偶然性，但是总有一些美好的事情令人振奋、期待。所以，在令人难过的事情和局面到来之前，请倍加珍惜眼前的好时光。

菲比是一个小说家，从小就喜欢写作，大学读的也是文学专业。凭借文学方面极高的领悟力和想象力，她年纪轻轻就出版了两部小说，并且畅销。然而谁也没有想到，菲比进行体检的时候被查出患上了脑瘤。

起初，菲比单纯地以为这是一个小手术，只要把肿瘤切除就能恢复健康。后来，得知脑瘤的危险性比一般的癌症还要大，她被吓到了。然而，菲比很快调整好情绪，开始乐观地面对一切。

她积极配合医生进行治疗，作好了承受各种痛苦的准备。化疗的时候，头发几乎都掉光了，这对一个女孩子来说是莫大的打击。但是，菲比看起来积极乐观，并没有消极抱怨。没有了真头发，她就买各种各样的假发，还开心地对大家说，自己终于可以天天换发型了。

生活中，菲比坚持与朋友们聚会、郊游，珍惜每一次与大家相处的机会。当然，她也没有放弃自己的爱好——写小说，还用文字把自己的这段经历记录下来。在日记中，她详细描述了每天发生的事情，并感恩生命给予的爱。

与那些在痛苦中消沉的人不同，菲比没有埋怨上帝为何让自己生病，她享受眼前的每一分、每一秒。她说，如果不是因为脑瘤，她可能不会意识到朋友和家人的重要性，也不会有这么好的题材去写小说。

菲比终究离开了这个世界，但是她没有留下遗憾和痛苦。她微笑着与这个世界告别，在家人和朋友的陪伴下度过了余生，给大家留下了一本充满欢乐和力量的小说。

菲比展示出了可贵的乐观精神，并以此影响了身边的朋友。她的文字长久保存下来，给更多人带来思考和启发。人不能沉浸在生命无常的宿命论中，而要感受生命的美好，这是菲比的精神遗产。

生命中不会总是晴空万里，也会有阴云密布的日子。懂得珍惜与感恩的人不会陷入悲伤，他们永远对生活充满信心。

　　拥有批判思维的人不让阴霾遮蔽阳光，他们能看到生活中艰辛的一面，也懂得珍惜眼前的每一分每一秒，认真而努力地活着，感谢每一个或阴或晴的日子，不辜负天赐的好时光。

　　生命无常，上帝难免会误伤好人，但是贵在有人懂得珍惜。不知道从什么时候开始，很多东西和以前不一样了，面对这些变化和不如意，有智慧的人选择包容和理解，给悲伤的日子涂抹上欢喜的色调，于是原本脆弱的心也变得强大。

◆

第 11 章

框架逻辑

说话有章法，做事成体系

万丈高楼平地起，搞清楚"结构"再行动至关重要。如果想迅速找到"关键点"，如果想条理清晰、工作轻松，就要努力成为框架思维者，提升办事效率。

准确定位让你脱颖而出

哈佛教授哈恩曼经常给学生讲这样一个故事。

一个乞丐站在路边，手里拿着几个橘子。这时，一个商人走过来，将几枚硬币塞给乞丐后匆匆离开了。过了一会儿，商人又回来了，对乞丐说："对不起，刚才我忘了拿橘子。"

乞丐面露难色，说道："我只有这几个橘子了，没有打算卖掉它们。我只是站在这里等好心人的施舍。"商人摇摇头，坚定地说："我认为我们都是商人。"

很多年之后，这位商人再次见到了当年那个乞丐。此时，他衣着鲜亮，打扮入时，已经成为一位成功人士。他对这位商人表示了感谢。正是因为当年对方将自己定位成商人，并经过不懈奋斗，他才拥有了今天的生活。

哈恩曼教授向大家分享这个案例，是为了强调这样一个观点：位置决定人生道路。那么，这个观点背后有怎样的逻辑呢？

第一，每个人都处于不同的位置，你将自己定位成什么人，就会朝着这个方向努力。

每个人的精力和时间都是有限的，然而即便是一个弱小的生命，如果将全部精力集中到一个目标上，也会有惊人的成就。反之，即便是一个强大的生命，如果分散精力，最终往往一事无成。

英国《自然》杂志收录过一篇文章，一位学者去丛林考察，无意中看到了一只小鸟与一条猛蛇大战的全过程。

一只麻雀那么大的小鸟在觅食过程中遭遇一条猛蛇袭击，它没有逃跑，而是寻找机会用尖喙一下一下地啄猛蛇的头部。小鸟的力量非常小，一两次的袭击根本不会对猛蛇造成伤害。可是，这只小鸟不断地袭击猛蛇，而且每次的袭击点都在同一个位置。终于，经过上百次的攻击，小鸟竟然让那条猛蛇丧了命。

从各方面来看，小鸟均处于劣势，但它为何能成功制伏强大的猛蛇呢？因为小鸟瞅准了一个点，将自己的全部力量集中于此，经过无数次的攻击，最终打败了猛蛇。

第二，将自己定位在什么样的位置，会影响你人生的道路。

一个定位往上攀登的人，他的心永远向上；反之，一个甘心成为别人绊脚石的人，永远不会有大成就。正如哈恩曼教授提到的乞丐，在外界的指引下将自己定位为商人，而非沿街乞讨的人，终于成了一名衣食无忧的商人。

可见，不同的人会给自己不同的定位，而这个定位将决定其未来的人生道路。如果你长时间努力工作，却没有准确的定位，那么一切努力都是徒劳。一个人是否能够成功，不在于他做了多少工作，而在于他做了什么工作。不同的定位，成就不同的人生。

很多人看似忙忙碌碌，可是最终一无所获。原因不是他们不够努力，也不是他们不够聪明，而是因为他们不懂定位，没有将自己的精力集中于一个目标。我们将人生比作一次远行，从起点到终点如果只有一个方向，即使距离遥远，迟早也会到达；但是，如果有很多方向，则会只出现一个结果——原地转圈，走不了多远。

人的时间和精力是宝贵的，不同的选择成就不同的人生。给自己一个科学、合理的定位，并为之不懈奋斗，更容易突破自我，抵达成功的彼岸。

用目标约束自己，努力实现梦想

想要实现梦想，必须首先设定明确的目标，并矢志不渝地朝着目标前进，有不达目标誓不罢休的精神。也许在几年之内你并不能实现梦想，但是只要一直努力下去，你会发现自己离梦想越来越近了。

很多人不知道自己的人生该往哪里走，是因为没有明确的人生目标。为自己的人生做好规划，未来就是一张宏伟的蓝图；如果没有作好规划，那未来将是一幅零散的拼图。

在百米竞技的世界里，苏炳添是第一个跑进 10 秒的黄种人。这位"亚洲飞人"懂得树立目标，并用目标严格约束自己。当然，他的成功之路并非一帆风顺，在早期他也曾因为训练太苦，险些放弃短跑。

在 2011 年全锦赛上，苏炳添打破了全国纪录。面对巨大的成功，他有些"自满"，开始享受起安逸的生活，训练也不像以前那样刻苦了。到了 2013 年，他保持的纪录被张培萌打破，这令他顿时产生了深深的挫败感，悔恨自己为何没有严格训练，进一步提升自己。

随后，苏炳添为自己设定目标，并不断突破。2014 年，他为自己定下了两年之内"突破 10 秒"的目标，之后，他开始朝这个目标努力。为了保证训练时间，苏炳添拒绝了大量采访，与安逸的生活彻底隔绝。

为了实现"突破 10 秒"的目标，苏炳添对训练提出苛刻的要求，任何细节都不放过。他发现起跑的时候，左脚出发比右脚出发奔跑起来更加有力，更加顺畅，于是，他向教练提出了换脚的请求，这一改变让他在 100 米跑中提升了速度。

经过一番严格的训练，目标终于变为现实。2015 年 5 月 31 日，在美国举办的国际田联钻石联赛中，苏炳添以 9.99 秒的成绩夺得季军，实现了自己两年内突破 10 秒的目标。清晰的目标加上刻苦的训练，让苏炳添创造了历史。

人生拥有清晰而明确的目标，做任何事都不会迷失方向。那些一事无成的人，往往没有设立目标，或者虽然设立了目标，却没有将其付诸实践。

同样的学历、智商和努力程度，有清晰、长远目标的人，经过不懈努力更容易成为社会各界的中流砥柱；那些拥有短期目标的人，虽然没有到达金字塔顶尖，但也会小有成就；那些没有目标的人，大多生活在社会最底层，为了生计而奔波，生活一片灰暗。因此，用目标约束自己，努力实现梦想，是迈向成功的必经之路。

没有目标的人生，会失去方向，不知道自己的使命在哪里。有了目标而不懂得用目标约束自我，结果也只能半途而废。

建立你事业的蓝图

在一次国际马拉松大赛上，一位身材瘦小的运动员出人意料地获得了冠军。当记者请这位运动员谈获胜的秘诀时，他说："在比赛前，我将

42 千米的比赛路线走了一遍。先走了几千米，看到了一棵大树，又走了几千米，看见一座红色的房子，再走了几千米，又看见一座小桥。"

事实是，这位运动员把这些标志物都记在心里，比赛一开始，他就快速冲到第一个目标——大树；这时他知道已经前进了一大步。接着他又满怀信心地冲向下一个目标——红房子，再下一个目标——小桥。每当他到达一个目标的时候，他知道自己离终点又靠近了一步，所以当别的运动员越跑越疲惫的时候，他却怀揣明确的目标和信念，毫不松懈，一鼓作气，第一个到达了终点。

让每个家庭的每张桌子上面都有一台个人电脑，这是比尔·盖茨的梦想。当然，让电脑运转起来，出色工作，则需要开发出优秀的软件。

盖茨的父亲是西雅图的一位著名律师，所以小时候他酷爱阅读的不是儿童图书，而是法律和商业方面的杂志。这在很大程度上培养了盖茨的商业素养。到了 19 岁那年，盖茨正式创业，仅仅十多年的时间就成为世界首富，其思考模式、做事方法都与其他企业家大不一样。

其中，很重要的一点是盖茨在创业之初有一个独特的计划。按照盖茨的设想，软件不应该只用来自娱自乐，而应该承担更多商业价值，变成盈利的工具。事实上，盖茨是第一个提醒人们重视软件非法复制问题的程序员，也是他结束了最初一些编程人俱乐部所倡导的开放共享的传统。

1975 年，盖茨和艾伦为阿尔塔公司开发出了一套 BASIC 程序软件，就是这套简单的程序，让濒临破产的艾德·罗伯茨重获生机。几乎在一夜之间，这家公司不但摆平了 30 万美元的赤字，而且还有了 25 万美元的盈余。

这一巨大成功，让盖茨看到了自己的企业计划是多么优秀，有着多么美好的发展前景。于是，盖茨决定将自己的财富之路设定在通过销售软件来赢得市场。于是，1975 年夏天，盖茨与罗伯茨正式签署了许可协议，着重申明了关于 8080 计算机的配套软件的使用权利，并按每个拷贝收权利金——4K 版本 BASIC 每个拷贝 30 美元；8K 版本 BASIC 每个拷贝 35 美元；扩展 BASIC 每个拷贝 60 美元。

当时，这个有效期为 10 年的协议给予了微型仪器公司独有的在全世界范围使用和许可 BASIC 的权利，包括向第三者发放从属许可的权利。但是精明的盖茨在协议中也声明，微型仪器公司同意全力以赴许可、推进并使 BASIC 商业化，如不能尽力，将构成此协议终止。

伴随着艾德·罗伯茨的微型仪器公司的蓬勃发展，BASIC 商业化稳步推进，盖茨的软件逐渐在整个市场上占据越来越多的份额，为微软的崛起奠定了基础。

更重要的是，这个协议最后成了不断兴起的计算机软件贸易的许可证制度的范本，成为这个行业的法律标准。并且，按每个拷贝收权利金的软件转让方法，也开了软件盈利模式的先河。在商业实践中，盖茨得到了一个越来越清晰的创业计划：通过开发软件并进行市场推广，从而达到盈利的目的。

后来，盖茨按照这个计划，在软件开发推广的道路上高投入、捆绑销售，一步步把微软公司做大、做强，也从根本上推动了软件业从无到有，一直发展到今天蓬勃兴旺的境地。

在事业上获取成功是一个不断累积的过程，一开始就作出长远规划是关键。如果你有一个 5 年或者 10 年的目标，而且能够周密地计划，坚定地执行，那么成功率还是很高的。

詹姆斯·科林斯和杰里·波拉斯在其伟大著作《基业长青》中有一个著名的研究结论：卓越的公司并不是一开始就建立了"伟大的构想"。因此，制订战略计划，要瞄准未来三五年的事，立足现实。对个人来说，规划自己的事业蓝图也要遵从这个原则。

当你选定了行动目标之后，必须制订出一份完整的计划书，这样更容易实现目标，让梦想成真。建立你的事业蓝图，是规划职业与人生的过程，在制定发展战略的时候需要求实精神，结合自身特长、兴趣等要素进行科学分析，学会走一步、看三步。

艾森豪威尔法则：分清主次，高效成事

艾森豪威尔法则又称四象限法则，由美国前总统德怀特·戴维·艾森豪威尔提出，是指处理事情应分主次，根据紧急性和重要性，将事情划分为必须做的、应该做的、量力而为的、可以委托别人去做的和应该删除的五个类别。

德怀特·戴维·艾森豪威尔是继格兰特总统之后，第二位职业军人出身的总统，曾获得过很多个第一。为了应付纷繁的事务，并高效处理，他发明了著名的"十"字法则，画一个十字，分成四个象限，分别是重要紧急的、重要不紧急的、不重要紧急的、不重要不紧急的，然后把需

要做的事情分好类放进去，再按主次采取行动，从而让工作、生活高效运行。

很多时候，人们总觉得身边有"时间盗贼"，没做多少事情，一天就过去了。忙忙碌碌，年复一年，业绩却寥寥无几。这是因为你用 80% 的精力去做了只会取得 20% 成效的事情，做事不分主次必然会导致效率低下。

研究发现，任何东西都有根本有枝末，每件事情都有开始有终结。明白了这本末始终的道理，就找到事物发展的规律了。做事要认清"本末""轻重""缓急"，并按正确的顺序行动。

安然是一家公司的秘书，日常工作是撰写、整理、打印材料。很多人认为这份工作单调乏味，但她却说能够从中学到很多东西。她说：检验工作的唯一标准，就是你做得好不好，而不是其他因素。

安然深知做事情分清主次才能效率高，所以她在工作时很注重条理性。虽然工作繁杂，但她做得井井有条。后来，她发现公司的文件存在很多问题，甚至经营运作方面也存在问题。于是，除了每天必做的工作之外，她细心收集了一些资料，并把它们整理分类进行分析后，写出了建议。

经过两个月的努力，她把自己的建议交给了老板。起初老板并没有在意，后来老板无意中看到那份建议，读完之后非常吃惊。他没想到这个不起眼的年轻秘书，居然对公司的事情这样上心，有这样缜密的心思，而且她的分析主次分明，细致入微。

于是，老板立即召开中层会议，讨论并采纳了安然的大部分建议。

结果，公司的运营效率提高了，挽回了许多损失。

老板认为公司有安然这样的员工是福气，因此对她委以重任。

如果想提高工作效率，一定要分清主次、轻重、先后，学会抓重点、抓中心、抓关键。高效地做好一件事情，做精一件事情，同样要懂得合理分配时间，利用好关键资源，并做到重点出击、重点突破。那么，如何分清主次，提高自己的做事效率呢？

首先，应该将事情归类。把每天要做的事情写在纸上，按照艾森豪威尔法则进行归类：①必须做的事情；②应该做的事情；③量力而为的事情；④可委托他人去做的事情；⑤应该删除的事情。

其次，确定必须做的事情由谁来做。是否必须由自己来做？是否可以委派别人去做，自己只负责督促？

最后，合理分配时间。高效能人士用80%的精力做能创造更高价值的事情，用20%的精力做其他事情。所谓创造更高价值，即做符合"目标要求"或自己比别人更擅长的事情。

运用艾森豪威尔法则，抓主要矛盾、解决关键问题，就能避免把时间和精力花费在次要的事情上，从而提高办事效率。

不妨尝试一下换位思考

在这个世界上，一个能够站在对方立场上思考问题的人，才是真正了不起的人物。学会换位思考是如此重要，然而在我们身边，很少有人把它当作一种修养。

经验表明，把自己的利益诉求放在第一位，而忽略了对方的需求，不仅无助于双方良好关系的建立，也会导致自我放纵，并对周围的人和事自怨自艾。

瑟琳娜在芝加哥的一家大型广告公司做设计师助理，然而在近两年工作时间里，她过得并不快乐。"整个公司的人似乎都在有意冒犯我，每天除了工作便是与同事争吵。"瑟琳娜常常对好友珍妮诉苦，珍妮无非是劝她忍让一下，凡事别太计较。

一个周末，瑟琳娜与珍妮约定去郊外散心，舒缓一下紧张焦虑的心情。然而，到了约定的时间，珍妮却迟迟没有来。瑟琳娜原本就心情不佳，看到好友迟到不禁变得更加气愤，便给珍妮打电话。

"你在哪里呀，难道忘记了我们的约定？"瑟琳娜怒火中烧地质问珍妮。

"哦，亲爱的，十分抱歉，我出门的时候不小心跌伤了。"珍妮感到十分抱歉。

"天哪，严重吗？有没有去医院检查？"瑟琳娜为自己的愤怒感到过意不去。

"没什么大的问题，医生刚走。"珍妮说。

原来，珍妮害怕瑟琳娜找不到自己，并没有立即去医院，而是回到家，请医生上门检查。同时，等待好友的电话。

瑟琳娜得知真相后感到十分羞愧，急忙赶到珍妮家中，并向她道歉："对不起，珍妮，我不知道你受了伤，我竟用那样的语气跟你说话……"

"没关系，如果我是你，或许也会生气。"珍妮的话让瑟琳娜更为羞愧。

"谢谢你站在我的角度考虑问题,可我从来没有像你这么做过。"说到这里,瑟琳娜似乎明白了什么。她想起自己与另一位助理艾丽争吵的事情。

当时,瑟琳娜正在整理资料,艾丽递给她一杯咖啡。或许是因为着急,咖啡洒在了资料上,瑟琳娜立刻火了,责怪艾丽添乱。显然,艾丽很委屈,毕竟自己是一片好心。于是,两个人争吵起来。就这样,瑟琳娜又失去了一个朋友。

"我为什么不能像珍妮一样,站在别人的角度考虑问题呢?"瑟琳娜陷入沉思。后来,她在工作中像换了一个人。别人不小心做错事,她选择原谅,而不是争吵;一旦自己说了过头的话,她会在事后主动向对方道歉。就这样,瑟琳娜变了,她不再是一个难以相处的同事,反而成为极具亲和力的朋友。当然,她也越来越享受工作的时光,因为学会换位思考之后,周围的一切都变得那么美好。

瑟琳娜其实并不是一个难以相处的人,只因为她从不换位思考,所以把人际关系搞得非常糟糕。久而久之,她就成了大家眼中的"自私鬼""难缠者",没有人喜欢与她交往。一旦正常的人际关系出了问题,瑟琳娜就禁锢在自己的小圈子里,自然变得闷闷不乐。

而当瑟琳娜学会换位思考之后,她不仅理解了周围的人,也得到了众人的理解,于是原来的愤怒和争吵不见了,取而代之的是和谐、欢乐的融洽氛围。在这样的环境里做事,又怎么会不幸福呢。

其实,很多事情只要换个角度去处置,就会变得轻而易举。比如,看到他人陷入困境，你就应扪心自问："如果我处在他的位置，会有何感受，有什么反应？"习惯了换位思考，能够做到设身处地为别人着想，就容易妥善处置复杂的人际关系，省去很多烦恼。久而久之，不但抱怨情绪消失了，还会赢得别人的尊重。

换个角度考虑问题，站在别人的立场上思考，你会发现天地变大了，心情也豁然开朗。更重要的是，你开始懂得付出，并赢得外界的尊重，生命里只剩下快乐、轻松。

如何做到换位思考呢？除了站在对方的角度考虑问题，还要理解他人的想法和感受。从对方的立场来看问题，以别人的心境来感受这个世界，从而真正完成"移情"的过程。此外，做任何事情都要真诚，你要发自内心地替别人着想，就好像为自己考虑一样。

设计好说话的路线图

结构思维提醒我们站在全局的角度考虑问题，设计好说话办事的步骤。思路清晰了，行动起来就会游刃有余，始终保持最佳的状态。

以演讲为例，一篇完整的演讲稿包括开头、主体与结尾。开头部分是为了吸引听众的注意力，让大家耐心听下去；主体是具体的演说内容，可以根据需要灵活设计；结尾的作用是让听众对整场演说有一个全面的认识，给其留下深刻的印象。

开头、主体、结尾缺一不可，就像一个三角形，缺少了任何一条边都将崩塌。为此，根据演说的构成设计好说话的路线图，就容易完成一场成功的当众演讲。

看到台下的听众坐在椅子上，就认为他们已经做好了倾听的准备，这显然是一种错误认识。殊不知，这时候听众的脑海里其实正在"忙"自己的事情，他们也许在考虑演讲结束之后要不要去逛街、晚饭，应该吃什么，等等。所以，如果演讲开头没有足够的吸引力，听众的注意力是不会转移到你这里来的。

可以说，一个绝佳的开头是一场演讲取得成功的基础。在构建开头的时候，演讲者最需要考虑的问题是听众在乎什么。可惜，太多的演讲者把开头用来寒暄、打招呼，浪费了宝贵的时机。

当你开始讲话的时候，为了引起听众的注意应该谈论听众，告诉他们这场演讲的重要性以及能给他们带来的好处。如果演讲的内容有大家需要的东西，自然可以吸引他们的注意力，而你会在瞬间成为全场的焦点。

引起了听众的注意之后，演讲就应该进入正题了。这时候，努力把听众带到事先设计好的"路线图"中，你就成功了一半。好比一次旅行，当游客都上了车，接下来就要给大家介绍这次旅行途中有哪些景点，会在哪里下车，参观哪些名胜，等等。

当然，告诉听众演讲内容的时候，要注意用语简洁。否则，听众会觉得这场演讲时间很长，从而失去耐心，产生不耐烦的情绪。

开头结束，你就可以进入主体部分了。在这个阶段，演讲者要集中全力刺激听众发现新的知识，产生兴奋点，这样听众才会兴趣浓厚地听下去。这时候，演讲正式步入正轨。换位思考就能发现，相对于被强行灌输知识，人们对自己发现的新知识更有兴趣，并对演讲保持足够的注意力。

在演讲主体部分，可能会有几个话题。这时候需要注意，每讲完一个话题最好进行适当的总结。显然，听众需要对刚刚讲过的内容有一个强化记忆的过程，从而在整个演讲过程中始终保持最佳状态，也有利于听众对演讲内容有深刻的认识。

在开头与主体完结之后，就进入了演讲的结尾部分。这个时候，演讲者不需要再向听众传递新的信息，因为他们已经准备离开了，也听不进去任何新的信息了。此时，不妨以一些趣味性、情感性的故事来结尾，让听众放松身心。如果结尾能够与开头呼应，那么效果会更好。

结尾看似简单，但是绝对不能马虎。因为好的结尾就像餐后的甜点，会让人们永远记住这一次演讲，久久无法忘怀。

作为口头表述形式之一的演讲，对其结构的安排应该严密而有逻辑性，必须有清晰的开头、主体与结尾，而且这三个层次还应该联系紧密。这样的结构可以帮助听众对演讲的脉络有一个清晰的认识，也可以帮助听众对演说的内容有整体把握。这些都符合一般的心理认知规律。

◆

第 12 章

财富逻辑

聪明人擅用头脑赚钱

为什么有的人实现了财富自由，有的人一辈子为钱辛苦奔忙？一切都与人的财富思维密切相关。从现在开始，回顾自己的成长背景和财富观，分析各种与致富有关的内在思维，彻底修改自己的"财富蓝图"，才能朝着更好的财务状况迈进。

利用市场情绪把握财富机会

有的投资者经常这样说："现在市场很淡，没有赚钱机会。没看到很多人赔得惨不忍睹吗？"而聪明的投资者却说："别人慌乱我独醒，机遇来了绝不放手。"

在商业世界里，任何恐慌都蕴含着商机，而且恐慌程度愈重商机愈大，这是一条被实践无数次证实的真理。那么，如何利用市场情绪获取投资利润呢？

巴菲特对投资者的非理性情绪有深刻的认识，他说："引致低价位的最通常的原因是悲观情绪——这种情绪有时无所不在，有时只是针对某个公司或某个行业。我们希望在这样的氛围里投资，并不是我们喜欢悲观情绪，而是我们喜欢它们所产生的价格。"

在许多场合，巴菲特告诫投资者，投资成功的必要条件是具备良好的企业判断力，拥有控制自己情绪的超强能力，以保证不为"市场先生"掀起的狂风左右。市场会闹情绪，而且有时"脾气"很大，聪明的投资者不会随着市场的情绪起舞，而是利用市场的情绪获取收益。

众所周知，每只股票的价格都会因市场的情绪而波动。这个波动并不是跟着企业的现金获利能力上下浮动，据此我们可以把自己选中的优秀企业的长远回报率当成"底线"——投资回报率的最低限度，然后利用市场的情绪取得更高的回报率。

可口可乐公司在 1919 年上市时股价是每股 40 美元，如果投资者在当时买入而持有到现在，经过多次配股和配息后，平均每年回报率是20%。这是可口可乐长远的"平均"股价增值率。

如果你学巴菲特以"实值"看待企业，那么就会专门等到市场情绪低落时才大笔买入心目中优秀企业的股票。在可口可乐的投资中，巴菲特在 1988 年、1989 年和 1990 年都大量购入股份并一直持有到现在，平均每年赚取了超过 26% 的股价收益。

1956 年，巴菲特开始投资合伙基金时，他父亲认为当时道琼斯指数200 点的水平偏高，因此劝告他在购买股票前耐心等待。后来，巴菲特回忆说，如果当时自己听了父亲的话，当年起家的 100 美元也许将是他今天的全部财富。相反，尽管当时市场条件非常一般，他仍然选择开始运作投资合伙基金。

巴菲特很早就明确了购买单只股票与跟随市场走势进行投机的区别。购买企业股票需要专门的会计学与数学技能，而掌握市场波动则需要投资者控制自己的情绪。巴菲特在其投资生涯中，一直能够使自己置身于股票市场的情绪波动之外。

显然，投资者的投资情绪比企业的基本情况对股票价格有更强大的冲击力。巴菲特很早就认识到，自己所持股票的长期价值取决于企业的经济运行状况，而非每天的市场行情。他说："从长期看，普通股价与企业的基本经济价值表现出极为显著的水涨船高关系。如果企业的经济价值一天天增加，企业股票的价格也会不断上升；如果企业蹒跚不前，股价也会对此作出反应。"

当然，巴菲特也承认，在短期内股价经常会高于或低于企业的内在价值，这主要是由投资者的情绪而非企业的经营状况造成的。

对投资者来说，如果想获得更高的收益，不仅不能受市场情绪的影响，而且还要利用市场情绪，把握住投资的机遇。巴菲特说："股市只是一个可以观察是否有人出钱去做某件蠢事的参照。当我们投资股票时，我们也投资于商业。"

在 1998 年 9 月 16 日的伯克希尔公司股东特别会议上，巴菲特进一步说："我们希望股票市场上傻子越多越好。"聪明的投资人不仅会预测市场走势，而且还善于利用这种市场的情绪化而得益。

价格变化的基本要素是人的情感。慌乱、恐惧、贪婪、不安全感、担心、压力和犹豫不定，这些是短期价格变动的主要根源。一个投资者必须具备良好的企业分析能力，同时还能够免受市场中肆虐的极易传染的情绪干扰，才能在投资中获得成功。

80%的成交靠倾听完成

销售行业有一条金科玉律：80%的成交是靠倾听完成的。更多时候，学会倾听远比滔滔不绝地讲话更能赢得客户的青睐，更容易签下大单。

在销售过程中，客户往往有强烈的心理诉求和表达欲望。这时候，销售人员应该停下来，认真倾听客户的言语。学会倾听客户谈话不仅是一种礼貌，更是对客户的一种尊重。客户只有感受到了应有的尊重，才会在获得情绪价值的基础上慷慨解囊。

倾听客户说话的时候，销售人员要学会抓住重点，而不是左耳朵进右耳朵出，心不在焉地走过场。通过商业活动获得财富，需要掌握销售的真谛。倾听客户谈话，是一门艺术。在此，我们要明确三种倾听的状况。

第一种倾听是听而不闻。这时候，销售人员完全没有认真听客户说话，表面上看起来在神情专注地听着，实际上已经将注意力放到了其他方面。更多时候，销售人员一直在想着如何说服和反驳客户，对方的话雁过无痕，轻飘飘地就散了。这种倾听必然会导致销售人员与客户的关系恶化，甚至破裂。

第二种倾听是只听不看。有时候，销售人员虽然在专心倾听客户说话，但是只停留在听的内容上，而忽略了客户的语气、神情、手势，以及它们传达出的真实想法和意图。如果忽略了这些重要信息，只将重点放在字面意思上，势必对客户的话产生理解偏差和误读。更重要的是，当客户觉察到销售人员没有理解自己的真正意图时，就会对其产生排斥和抵触心理。然后，一系列的误解和矛盾就会浮出水面。这是每个人都不想看到的画面。

第三种倾听是有效率的倾听。处于这一层次的销售人员往往掌握了倾听的真谛。高明的销售人员会在客户只言片语的表达中，瞬间捕捉到关键信息，不放过任何一个获取有效信息的机会。他们非常清楚，自己的任何主观判断和误读都会对销售过程产生不良影响。因此，他们的头脑是清晰而理性的，姿态是平和而低调的，他们能够客观而理性地看待、分析和解决问题，往往不会受到谈话者过激言语和行动的影响。在引导客户表达意愿的时候，他们往往采取"询问"的方式，而不是"辩解"。

销售是商业活动的重要组成部分，是获取财富的关键。要想成为一名优秀的销售人员，需要在高效率倾听的过程中把握好以下几点：

第一，在客户说话的时候，绝不要故意打断对方。这样不仅显得有礼貌，也会让对方心里舒服。

第二，注意及时给予客户回应，并在给予的同时根据客户的反馈，验证自己是否正确理解了客户的意思。

第三，勤于思考和动脑，在与客户谈话的过程中，一定要学会迅速思考，让话语经过大脑思考和分析后，再脱口而出。千万不可语无伦次地说出一些不着边际的胡话。

第四，细心观察客户在言语之外的一切表达方式，并从中体察出客户的情绪变化，适时采取有效的应对策略。

第五，不让谈话出现冷场的情况。销售人员要尽力营造一个轻松愉悦的谈话氛围，适当引导客户说话，让其毫无压力地表达出真实的想法和见解。

在销售中，80%的成交要靠倾听完成，仅有20%是靠嘴巴来实现。从某种意义上来说，从事销售这一工作，耳朵要比嘴巴有力和重要得多。沟通是人与人心灵的碰撞，而用心倾听则是沟通的第一步。任何时候，一个优秀的销售人员一定是一个善于倾听的人。

讨价还价的边际效用

在推销的任何阶段，或对于商品的任何方面，顾客都可能提出异议。

经验告诉我们，顾客没有提出任何异议就达成交易的情况极少。

当顾客对你的产品提出异议，或者与你讨价还价时，你应该明白——顾客已经对产品有了兴趣。换句话说，顾客已经考虑买你的产品了。反之，如果顾客对你的产品或服务没有丝毫异议，说明他们没有购买的欲望。

这一天，福洛姆来到一个汽车展示厅，四处看了看。然后，他走到一辆汽车前，仔细地观看。这时，推销员慢慢走过来，说道："早上好，先生，看来您很喜欢这款新车，我可以给您具体介绍一下它的性能和特点。"

"这辆车看起来不错。多少钱？"福洛姆继续审视着眼前的车。

"这一款的价格是 14 万美元。"推销员回答。

"我认为这辆车子还是挺不错的，不过我需要回家和妻子商量一下，如果双方意见一致，我就会买下它。"

在回家的途中，福洛姆路过一家二手汽车店，不经意间看到一辆破旧的迷你小汽车，标价只要 300 美元。于是，他立即赶回家对妻子说："我看到了一辆二手车，标价 300 美元，而且看上去还不错，儿子一定喜欢。"

妻子听完丈夫的描述，也赞同买二手车。第二天早上，福洛姆带着 300 美元，走进了二手汽车店。店里的推销员看到福洛姆，急忙走上前打招呼："早上好，先生。需要帮忙吗？"

"你好，我想问一下，那辆破旧的迷你车多少钱？"

"价格是 300 美元，已经标在了车上面。"

"我的意思是，这辆车卖出去的最低价格是多少。"

"您如果真的喜欢这辆车，250 美元就可以成交。"

"可是轮胎磨坏了，车身前还有一道刮痕，这都是需要折价的。"

推销员见福洛姆开始讨价还价，知道对方有购买的意愿，于是在极力维护车体形象的同时，也开始揣摩对方的心理价位，最终双方以 200 美元的价格成交。

不难看出，在汽车展示厅里，福洛姆并没有对眼前的汽车提出任何异议，而在二手汽车店里却对一辆车不停地挑剔，说明他已经准备购买。显然，他百般挑剔只是希望把价格压得更低。

因此，顾客决定购买的时候，谈判才真正开始。有的顾客已经决定购买，但是还想从你那里争取最后一点儿让步，这就是讨价还价思维在作怪。在谈判过程中讨价还价，是为了获取最大的利益。

在商业活动中，谈判是一个相互妥协的过程。有些看似态度强硬的谈判对手，只要他是为了达成目标而来，就肯定会在一定程度上妥协，最终在讨价还价的拉锯战中让步。而你作出一点妥协，放弃一点利益，看上去是损失了利益，实际上只要不违背原则和底线，反而能从这种相互妥协的讨价还价中获益。

因此，如果想在投资或商业谈判中获取最大的利益，就必须掌握讨价还价的技巧。

第一，吹毛求疵法。

吹毛求疵是一种挑剔的习惯，即再好的东西也可以从中找出毛病来，然后以此作为谈判的筹码。如果把挑剔的习惯运用到谈判中，就能在讨价还价中获取较大利益。

这种技巧往往被买主用来压低卖主的报价，方法是故意找碴儿，提出一大堆存在的问题及要求。世界谈判专家曾经做过很多实验,结果表明:假如其中一方用吹毛求疵法跟对方讨价还价,那么他提出的要求越多,得到的利益也越多,提出的要求越高,结果就越有利于他自己。

谈判者在知道如何运用吹毛求疵法的同时,还应该知道怎么应付对手吹毛求疵。一般来说,在谈判之前做好心理准备,耐心加笑容是对付挑剔者最好的武器。对挑剔者采取针锋相对的策略,即把对方无中生有的问题毫不留情地打发回去,有助于在谈判中摆脱被动局面。

第二,小处入手法。

对于比较大型或者较复杂的交易,可以采用分批还价的方式。一般可以先对"差距小"的项目进行还价。这样做不仅易于激发对方谈判的热情,被对方接受,而且还能了解对手的谈判风格。尤其是当谈判出现僵持局面时,不妨考虑在"小处"先做某些让步,缓解紧张局面,然后再提出己方的要求,反而可以掌握谈判的主动权。

第三,制造竞争法。

针对一些价格构成比较复杂的商品或者大型工程造价谈判,讨价还价的一方为争取有利的成交条件,应当充分制造竞争的局面。比如,采用"货比三家",可令多个卖方主动地作出价格解释,证明其报价与交易条件的合理性。

讨价还价是商业谈判和投资谈判中常见的竞争策略,它不但能为己方争取最大的利润,也可以增进双方的了解,乃至密切合作。当投资者懂得了讨价还价的边际效用后,可以从讨价还价的应用细节入手,在商业谈判中最大限度地维护自身的利益,获取更多收益。

感情投资带来超出预期的回报

人不是草木，内心都有深厚的感情。当你对一个人表达了关怀、关爱时，对方也今对你报以关切。为了在商业活动中达成预期目标，不妨对客户表达关心、爱护，做一些感情投资，这样生意才能做得更长久。平日里如果能够处理好与客户的关系，到了关键时刻才会有人帮忙。懂得感情投资的重要性，是经商成功的关键。

杰克是一家服装厂的经理，也是一个非常热心的人，喜欢呼朋唤友。平日里，他喜欢和朋友们一起坐坐，吃吃饭、喝喝酒，有时候也会约几个好友一起去钓鱼、野游。当朋友有了困难时，杰克总是第一个站出来帮忙。遇到重要节日，他也会打电话表示问候。在生意场上，朋友们都愿意和这个豪爽的朋友来往。

最近，杰克因为投资失误，公司出现了问题。如果不能及时拿到资金，他的服装厂就要面临资金链断裂的危险。朋友们听说了杰克的状况之后，纷纷伸出援助之手。

和杰克合作的客户也表示杰克可以先从他们那里拿布料，等衣服销出去之后再付货款。而经销商们也纷纷把货款打过来，从他这里订购大批服装。就这样，在朋友和客户的帮助下，杰克顺利渡过了难关。这就是感情投资的力量。

在《我是最会赚钱的人》一书中，日本麦当劳汉堡庄的创始人藤田田对所有的投资进行分类，并研究这些投资的回报率，最后发现在所有投资中，感情投资的投入最少，但是回报率最高。

感情投资之所以有如此高的回报率，是因为人人都渴望得到亲情、友情、爱情，情感的需求是人们最高层次的需要。社会心理学家马斯洛曾说过：爱是人类的本能，我们需要爱就像需要碘和维生素 C 一样。感情投资正好满足了人的这一需求。

感情投资就是要融洽人际关系，在社交中累积信任、友谊，将来某个时刻得到回报。那些不善于进行感情投资的人，很难有良好的人际关系，事业也很难有大的成就。

其实感情投资并不太难，只要在对方遇到困难的时候伸手帮一把。即便是两个关系不太好的人，如果在对方有困难的时候拉对方一把，两个人的关系也有可能出现很大改善。

另外，日常生活中记得多和对方联系，即便不见面，电话联系也可以，平日里的问候也是联系两个人的纽带。而且经常联系能及时了解客户的需求，这样才能更有效地为客户服务。

感情投资是一个长期性的事业，这就需要一个人有足够的耐心和细心，能够经常对客户表达关怀，提供帮助。这样，在客户需要产品和服务的时候，必然会先想到你。

把客户的批评当"梯子"

在商业活动中，销售是一个双方交流、互动的过程。在这期间，客户对销售人员难免会有一些不满和要求。那么，当客户提出不满和意见时，我们又该如何处理呢？不只是初级销售人员，就连入行很久的老职员，面对客户的批评时也会出现逆反心理。偏激、主观的判断和处理方式对谈判的进展不仅毫无积极作用，甚至还会带来不小的负面影响。

面对客户的批评，最重要的是学会理性思考。一方面要有"宰相肚里能撑船"的气量，另一方面也要保持乐观向上的心态，认真想想为什么会受到批评，客户的话是否具有可取之处。从一定程度来说，客户的批评是销售人员进步的"梯子"。只有抱着这种心态，在谈判过程中才能立于不败之地。

销售人员从以下几个方面努力，逐步锻炼自己，一定会有飞速的进步。

第一，不要将批评看得太重。

一些销售人员在面对一点小小的批评时，就紧张无措地将其视为重大错误，甚至会将其与自己的前途和命运联系起来，从而灰心丧气，一蹶不振。这就是将批评看得过重的表现，这种神经质的行为只能使自己偏离正确轨道，离成功越来越远。

第二，面对批评不要毫不在乎。

一些销售人员有着桀骜不驯的性格，面对客户的批评，他们会表现得毫不在乎，依旧我行我素地做事情。这种态度只会激怒对方，给客户一种你并不在乎他的错觉，从而造成谈判失败。所以面对批评不要毫不在乎，以真诚、不卑不亢的态度去应对会更好。

第三，被批评不要当面顶撞。

即使很多客户的批评都是无理和不公正的，但是身为销售人员与对方当面顶撞也是不恰当的。冷静地等待对方平息怒气，再向其解释自己的想法，并证明自己的合理性，才是正确的做法。

第四，遭到批评不要满腹牢骚。

一件事情以不同的视角看待，就会得出不一样的看法。客户的批评，应冷静、淡然地对待。批评得有理就学习，批评得不对就释然。有则改之，无则加勉的态度才是可取的。

第五，分析客户批评的缘由。

对客户的批评，不能看得太重，也不能满不在乎。销售人员最终的目的是拿下此单生意，提升自己的业绩和能力，那么收集客户的批评和建议并分析清楚缘由就十分关键和重要了。因为只有弄明白客户提出批评的原因，才能知道沟通中哪里出了问题，从而做出相应的改变，以期拿下订单。

客户的批评，对销售工作来说也有一定的益处，它会促使销售人员作出相应的改变，提升自己。面对批评，保持健康而积极的心态，以谦虚好学之心待之，定能不负努力，收获成功的果实。

不把鸡蛋放在同一个篮子里

在商业世界里，降低风险的最好方法，就是把鸡蛋放在不同的篮子里。即使一个篮子掉在地上，其他篮子里的鸡蛋仍然是完好无损的。

多年来，微软几乎没有进行跨行业的多元化经营，它的主业一直在IT 领域。但是，手中持有大量现金的比尔·盖茨就不同了，他侧重于分散投资，这是规避投资风险的一种做法。

纽约投资顾问公司汉尼斯集团总裁查尔斯·J. 格拉丹特，曾经这样评价盖茨的投资战略：盖茨看到了把投资分散、延伸到旧经济的必要性，而他的好友巴菲特却没有看到把投资分散到新经济的必要性。

第一，长期持有公司股票，适时套现。

微软是盖茨的宝贝，他对公司前途充满信心，所以长期持有公司股票是盖茨不变的策略。研究盖茨的财富分布情况，可以发现，他仍然把财富的绝大部分投在微软的股票上。身为微软的首席架构师，盖茨仍然主导着公司的发展方向和战略规划，他有必要通过持有股票让人们看到微软的光明前景。

不过，在适当的时候，盖茨会在好的价位套现一些股票，这又是他的精明之处。股市交易记录显示，盖茨曾多次公开出售几百万股的微软股票，获得收入高达上亿美元。这样一来，他既持有了公司股票，又在一定程度上获得了切实的物质财富，从而利用这些资金从事自己的其他事业。

第二，成立投资公司，获得稳健的投资回报。

早在1995年，盖茨就在美国创立了盖茨家族私人资产投资机构——瀑布投资，由华尔街经纪人迈克尔·拉尔森主持。这家公司设在华盛顿州柯克兰，负责单独为盖茨的投资理财服务，主要就是分散和管理盖茨在旧经济中的投资。

目前，这家公司的运作十分保密，除了法律规定需要公开的项目，其活动的具体情况绝不向公众透露。不过根据已知情况可以分析出来，该公司很大一部分财产投入了收入稳定的债券市场，主要是国库券。

在盖茨对旧经济部门的投资中，对比较稳健的重工业公司的投资已取得非常显著的成绩。而对公用事业公司的投资，则实现了很强的抗跌性。此外，瀑布投资也向医药业和生物技术业投资。这些高科技公司往往更具成长性，所以带来的回报非常可观。

第三，做自己熟悉的行业，降低投资风险。

盖茨不放过任何一个商机，但同时也刻意回避着任何细微的投资风险。我们应该看到，在盖茨大手笔的投资背后，是他在投资过程中的谨慎、小心和保守。忽视这一点，就无法全面、正确理解盖茨的投资策略和价值。

事实上，不管其投资额度多大，微软始终还是围绕着产品的核心产业链来做文章，他们没有轻易地涉足自己不熟悉的领域。这是盖茨值得人们学习的地方。

在商业投资中，你应该有一个均衡的投资组合。实力再雄厚的投资者，也不应当把全部资本押在目前市场前景广阔的项目上，只有分散投资才能减少投资失败的损失。

比尔·盖茨说：不把鸡蛋放在同一个篮子里，分散投资是必须坚持的一个基本原则，任何时候安全都是最重要的。他是这么说的，也是这样做的。

做生意最重要的是控制风险，最有效的策略是分散投资。分散投资风险后，虽然不太可能会遇上最坏的情况，但是也不容易遇上最好的情况，而最有可能发生的情形就是不好也不坏，投资回报率接近平均数值。所以，不把鸡蛋放在同一个篮子里后，还要实现投资组合盈利，才算成功。

◆

第 13 章

创新逻辑

先有创新思维，再有创造力

努力很重要，但是努力的方向更重要。用创新思维解决问题，让一切变简单。

错在把简单的事情复杂化

生活中有许多烦心事，令人应接不暇。许多人因此陷入紧张、焦虑的状态，身心疲惫。不过，有些烦恼是自找的，问题的根源是你想得太多，结果把简单的事情复杂化。

看待周围的人和事，不要抱着复杂的心态，而应学会简单思考，获得正确的认识。简单是一种智慧的境界和心态，避免把简单的事情复杂化才能寻求突破，找到解决问题的良策。面对困难和挑战，简单化思考可以让你充满勇气，让内心变得更强大。

为了应对日益增多的客流，圣迭戈的艾尔·柯齐酒店准备增加几部电梯。工程师、建筑师坐到一起商量对策，决定在每层楼的地面上打一个洞，并在地下室安装马达。

但是，这种方案会导致酒店内尘土飞扬，引起客人不满，从而影响到酒店的声誉和服务质量。酒店负责人与工程专家在楼道里商讨对策，争得面红耳赤，一时间情绪激昂。

正在旁边扫地的清洁工听到争论，走过来说："在每个楼层钻洞的确不是好办法，不但现场会变得一团糟，而且尘土清扫起来很麻烦。"

工程师转过身，对清洁工说："那怎么办，难道关闭酒店再施工吗？"听到这里，酒店负责人急忙说："坚决不行，如果这么做会让顾客误认为酒店倒闭了，生意肯定会一落千丈。"

看到大家急切的样子，清洁工说："我有一个好方法，既能按时把电梯装好，还能省去不少麻烦。"工程师和酒店负责人不约而同地投来期待的目光，清洁工接着说："把电梯装在酒店外面。"

听到这里，工程师与酒店负责人面面相觑，不禁为这个绝妙的点子叫好。这就是近代建筑史上第一部室外电梯，它开启了一次施工革命。

这个世界原本是简单的，但是习惯把问题复杂化会让我们失去正确思考的能力，并因无法从中解脱而变得情绪失控。一味地把事情复杂化，不惜钻牛角尖，最后一定没有退路。

一个人不能用简单的方式思考问题，会让心灵背上沉重的包袱，他的内心就像一辆负重过度的汽车，需要耗费更多的能量才能前进。

为此，请尝试着作出改变，学会简单思考问题，不再为身边的小事抓狂。如果让你区分水和酒，不必费尽周折去猜测，只要上前闻一闻就知道答案了。一个人想轻松应对这个世界，首先要有一颗简单的心，学会简单思考。

第一，学会正常沟通，准确掌握事情的来龙去脉。

许多人把简单的事情复杂化，一个重要原因是不善于沟通，结果无法掌握真实有效的信息，最后因错误的决策导致无法收拾局面。

第二，学会勇敢面对，大胆接受眼前的挑战。

无法面对既成的事实，选择逃避和放弃，必然无法进行正常思考，从而离正确的轨道越来越远。

第三，学会理性接受，不做情绪化的奴隶。

遇到麻烦事，有些人无法接受，会变得情绪失控。失去了理性思考能力，自然会把简单的事情复杂化，导致无法收场。

想太多，真的没什么用。生活中有各种麻烦和磨难，每个人都要学会理性面对，简单地过日子。相信自己有能力应对挑战，相信有更好的事情等着你，就不会杞人忧天了。

想想书本上没告诉你什么

很多人有这样的思维习惯：在生活和工作中遇到问题时，思考书本上曾告诉过自己什么，试图直接从书本中得到解决问题的知识或技巧。

读书使人明智，读书能让人不断成长。为什么读书会让人明智和成长，原理是什么呢？绝对不是记住了多少具体的文化知识，而是从对文化知识的学习中逐渐丰富了自己的大脑，提高了思维能力，由此建立起对事物、世界和人生的正确认知。

如果你不认同上述阐述，那么请想一想，现在你还记得多少上学时书本上的知识点，还会做多少道上学时的练习题，还能背诵多少首上学时的古诗文，还能记得多少上学时的物理定律和化学实验……可能很多人连最简单的几何代数的公式都不记得了，但这并不影响我们在工作中作出成绩，在生活中获得幸福。因为我们并不是靠固定的知识点去工作和生活，而是靠长期、系统学习积累下的思维、分析、判断等综合能力。

读书不是为了让我们青春作赋，皓首穷经，更不是成为"笔下虽有千言，胸中实无一策"的书呆子。如果读书只是为了记住，却不能实际应用，无疑是在用身体的勤奋掩饰大脑的懒惰，因为没有达到学以致用的目的。因此，从书本中"拿来"是不现实的，所遵循的"书本思维"

也是不正确的。

当今职场上出现了一个新名词，叫"学生思维"，就是身在职场，但脑在学校，还在用在校生的思维方式面对社会。最典型的职场"学生思维"就是解题式工作，将工作中的事务当成做卷子，只给出一个所谓的"正确答案"，就没有然后了。这完全背离了职场和实际业务中的变化性、多元性和不确定性。

在面临实际工作和生活中需要解决的问题时，我们需要思考的是书本上没有告诉过我们的那些东西，那些隐藏在事物背后的潜在逻辑，那些隐匿在真相深处的隐形规律，那些我们只能以逆向思维方式从事物的其他方面获得的最有利、最鲜活的东西。

你对了，这个世界就对了

生活应该是什么样子的？为什么你总是不快乐？其实，心情的颜色就是生活应有的色彩。如果心情是灰色的，生活就不会阳光明媚。一个人只有让内心开满鲜花，他的世界才会是幸福的。

如果你还在抱怨不快乐、不幸运，自己不被人理解，那么首先要调节一下心情。当你变得积极乐观以后，你看到的世界一定不再是灰暗的。正所谓心境决定心情，主动调节心情才会有良好的情绪体验。

在一个阴雨的星期六早晨，牧师准备讲道，妻子外出买东西了。小雨淅淅沥沥地下个不停，小儿子约翰吵闹不休。

牧师无法静心做事，无奈之下随手拾起一本旧杂志，一页一页地翻阅，最后翻到一幅色彩鲜艳的大图——世界地图。随后，他从杂志上撕下这一页，再撕成碎片，丢在地上说：

"小约翰，如果你能拼好这些碎片，我就给你两美元。"

牧师以为这件事会使小约翰花费一个上午的时间，并因此安定下来。没想到，还不到10分钟，小约翰就走过来，上交父亲布置的任务。

看着完整的拼图，牧师疑惑地问："孩子，你有什么方法，这么快就把图拼好了？"

"这很容易啊！"小约翰自信地说，"你看，在地图的背面有一个人的照片。我按照人像把碎片拼到一起，然后再翻过来，地图也就拼好了。我想，如果这个人像是正确的，那么这个世界地图就是正确的。"

牧师笑了，高兴地给了他两美元，还不停地赞叹："你也替我准备好了明天的讲道。如果一个人是正确的，他的世界也会是正确的。"

人生不如意之事十有八九，所谓"心想事成"不过是对生活的美好祝愿。遇到一些不顺心的麻烦事，应该怎样解决呢？有的人会把每一件不如意的小事堆积在心里、挂在嘴上，而后不停地抱怨，搞得自己心情很差、情绪很糟。精神状态不佳，不但自己烦躁不堪，身边的人也不得安宁，一系列连锁反应让我们的世界变得杂乱无章。

其实，所有的麻烦都可归结为心理问题。你认为它是麻烦，它就是难以解决的麻烦；你认为它不值一提，它就无法影响你的生活。有智慧的人遇到任何事情时都能气定神闲，找到应对之策，就在于他们拥有强大的内心。

试着换一种思维，换一个角度，用另一种方法思考同一件事情，结果会大不同。如果你想改变这个世界，首先要改变自己。如果你的心理是正确的，你的世界也会是正确的。当你用积极的态度看世界、看生活的时候，有些问题会迎刃而解。

在我们身边，许多人抱怨工作压力大、生活不如意，尽管他们的遭遇千差万别，年龄也各不相同，但是可以断定，他们的烦恼都源于心理问题。当内心失去了平衡，变得脆弱不堪时，外界的任何风吹草动都可能把人压垮。

什么是心境，其实心境就是对待生活、对待人生的一种态度。乐观的心境成就快乐的人生，悲观的心境造成阴郁的人生。保持良好的心境，就能让自己多一些开心，少一点忧愁。

先有创新的环境，再有创新的人和产品

观念是实践的先导，有全新的观念，才会有全新的实践、全新的发展，因此观念也能创造生产力。企业要想创新实践必须先创新观念。管理者要善于用观念创新带来理念与意识的超前。

微软是知识经济时代的楷模。它以创新思维为生存条件，以"人"为最宝贵的财富。在这样的企业里，领导层对于公司的发展固然重要，但是员工的功绩也是不容抹杀的。如果无法调动员工的积极性、创造性，那么知识管理就无从谈起。

因此，在日常管理工作中，如何让员工保持高度活跃的思维，充分激发每个人的创造力，是盖茨最重要的目标。到过微软公司的人，都会

被那里宽松的办公环境与企业文化感染，而这正是微软最宝贵的创新之处。

一位曾供职于 IBM 的微软华裔全球副总裁，在谈起两家企业的不同时说："IBM 员工穿衬衫和西装裤，微软员工则可以穿休闲服，而且，在我刚到微软的时候，还看到光着脚的年轻人在里面走来走去。"

穿休闲服、光脚丫，是不是会导致效率低下、缺乏进取精神呢？答案是否定的。在微软，大家有相当高的自由度，但是每个人在做事时并不会懈怠，不拘小节的宽松环境更能激发人们的聪明才智，最大限度地释放每个人在软件研发、市场营销上的才华。

也就是说，宽松的环境，带来了创新的动力。营造这种轻松的工作环境，是比尔·盖茨自信研究、深思熟虑的结果。他根据自己的观察，对企业发展提出了著名的三段论。

第一个阶段，企业有一个神人、超人，所有的规章制度都由他说了算。这样的企业处于权威领导的阶段。

第二个阶段，企业把决策者的思想变成了规章制度，要求每个人严格执行。问题是，规章制度的管理要设计并实施，监督的成本很大，也容易引起员工的反感，效率也不高。

第三个阶段，企业强调的是对文化的管理。也就是说，要在企业内部创造一种体现经营思想、发展理念的文化，让每个人在认同的基础上自觉行动，带来高效率。

针对微软公司知识创新的特点，盖茨主张微软必须建立创新的环境，发展创新的企业文化。

第一，让员工快乐工作，释放潜能。

微软鼓励员工创新，继而对工作产生责任感；充分授权，让员工把工作当成自己的事业去经营；主宰工作而非让工作主宰；非官僚的管理方式，让员工与管理阶层能够彼此合作、互相支持；等等。

第二，为每个人提供展示才华的舞台。

微软在软件业拥有霸主地位。这一光环，吸引着无数有志之士和优秀分子加入其中。有才华的人以投身微软为荣，大家在这里都能充分施展个人才华，这样的企业形象塑造，无形之中让微软具备了兼容并包、能者居上的氛围。

今天不创新，明天就落后，明天不创新，后天就淘汰。要创新你就要敢于走在同行的前面。只有走在别人的前面，才能赢得先机，抢占市场份额，同时为自己的发展赢得更新换代的时间。创新要从内部抓起，要从培养创新环境开始。

发散思维让你创意无限

身边经常遇到这样的人：死钻牛角尖，抓住一点不放手，直到撞得头破血流，仍然不死心。他们的思维局限于狭小的空间之内，犹如坐井观天。

爱德华·波诺说："毫无疑问，创造力是最重要的人力资源。没有创造力，就没有进步，我们就会永远重复同样的模式。"显然，太较真的人缺乏创造力，与创新无缘。与之相反，优秀的人在工作和生活中注重培养发散思维，让创意无限。

具体来说，发散思维是把一个主题分解为几个不同问题，或者衍生出几种新颖想法的思考过程。作为一种多向思维形式，发散思维为人们提供了自由流动的构思，通过类似头脑风暴的思考过程激发个体潜能，产生多种解决问题的想法和方案。

社会生活的复杂超出了人们的想象，唯有善于求变才能闯出一番新天地。拥有发散思维的人能产生各种新奇的想法，其创新能力令人刮目相看。比如，你既可以爬到树上，也可以搭个梯子，最终都会摘到苹果；一道数学题，如果这种方法行不通，何必非要一条道走到天黑，换一种方法也许更简单、快捷。

王迪出生在一个幸福的家庭，父母对他宠爱有加。但是宠爱不等于溺爱，在教育孩子这件事上，王迪的妈妈对爱的边界拿捏得恰到好处。

转眼之间，王迪到了上幼儿园的年纪。显然，这个生性好动的孩子对学校里中规中矩的教育非常抗拒。第一天上课的时候，王迪始终跳上跳下，一刻也停不下来。老师认为孩子刚来学校不适应，经过一段时间会有所改观。然而，事情并非想象的那样。

直到从幼儿园毕业，王迪好动的毛病也没有改掉。在毕业典礼结束后，幼儿园老师委婉地告诉王迪的妈妈：孩子过于好动，可以考虑进行心理治疗。

听了老师的话，妈妈有点儿难过。回到家中，王迪跑过来，询问老师有没有夸自己。看着儿子稚气的脸蛋，妈妈把将要出口的责备转变成了鼓励。她蹲下身来，抚摸着儿子的头，语重心长地说："老师不仅在所有家长面前夸奖了你，还夸奖了妈妈，妈妈为此感到高兴。老师还说，你的进步空间很大，只要你在课堂上好好地坐着，认真听讲，一定会有更大进步。"

王迪听完之后，高兴地蹦起来。他知道自己平时好动，在课堂上表现不好，尤其担心妈妈批评自己。没想到大家都认可自己，他意识到该改改好动的小毛病了。上了小学之后，王迪果然变得专注学习了。到了三年级，他已经能够持续地坐上半个多小时，上课认真听讲了。

在教育孩子这件事上，许多家长都感到焦虑。如果过分管教孩子，甚至钻牛角尖，一定会压制孩子的天性，不如创新家庭教育方式，让孩子顺势成长，反而能激发孩子的潜能，让他们成就更好的自己。

生活中，类似这样的情况还有很多。任何事情都有它的独特性，应该用灵活的方法去应对，万万不可抱着一个方法或原则，执拗地对抗下去。这需要我们训练发散思维，找到解决问题的良策。

第一，学会思考和冥想。

斯威尼说：为了产生创新思想，你必须具备必要的知识，不怕失误、不怕犯错误的态度，专心致志和深邃的洞察力。做一个勤于思考的人，学习各种处理问题的有效方法，并将它们与你的生活经历联系起来，就能逐渐成为一个善于解决问题的高手。

第二，跳出自己的小圈子。

接触面狭隘的人，无法找到更多处理问题的有效方法。为此，我们需要多尝试新鲜事物，多接触不同类型的人。跳出自己的圈子，才能站得更高，看得更远。

第三，善于提出问题。

苏格拉底说：问题是接生婆，它能帮助新思想的诞生。发散性思维与其说是寻找答案，不如说是提出问题从而得到答案。提出正确的问题，有助于我们得到自己想要的东西。比如，把复杂的事务分解成小问题，然后问自己"如果……会怎样"，就容易找到答案。

| 第 14 章 |

◆

推理逻辑

从脑科学角度读懂人的动机

　　提到推理，几乎每个人都会想到大名鼎鼎的福尔摩斯。然而，真实的逻辑推理并非神秘莫测，更多情况下是根据几个已知的条件，经过层层推理，最后还原真相。推理是对人类逻辑思维研究和利用的过程，看看侦探专家的推理故事，你会豁然开朗。

归纳推理

所谓归纳推理，就是从个别事例中推出一般性的结论。在逻辑推理上，它与演绎推理相对应。下面举一个数学上的例子。

众所周知，直角三角形的三个内角之和是 180°，锐角三角形、钝角三角形也遵循同样的原理。由此得知，不管是直角三角形、锐角三角形还是钝角三角形，都是三角形。

这一结论是从个别结论得出一切三角形的内角之和都是 180°，最后得出的是一个一般性结论，这就是归纳推理。那么，数学中的归纳推理是怎样运用到侦探专家手中的呢？

在众人眼中，乔伊和史蒂芬是一对恩爱的夫妻。虽然偶尔小打小闹，但并不影响他们在众人眼中的良好形象。

突然有一天，史蒂芬在乔伊的公文包中发现他为两人分别买了份巨额人身保险，受益人分别是彼此。史蒂芬感到非常意外，因为乔伊通常根本就不屑买保险。而这次，他不但没有经过史蒂芬的同意，而且参保的金额还巨大。史蒂芬虽然感到意外，但是丈夫已经买了，也就不再说什么。

夏天的傍晚，天气仍然非常炎热。乔伊突然心血来潮，提议带着史蒂芬出去吃饭，既凉快又方便。乔伊在旁边一边打游戏，一边等着慢腾腾洗澡的史蒂芬。等得不耐烦了，他来到了邻居家，看看满院子的花草。

又等了差不多半个小时左右，乔伊感觉史蒂芬差不多洗完了，就返回自己家中。令人吃惊的一幕发生了，史蒂芬躺在地上，手里还拿着吹风机。乔伊大叫一声，赶紧冲进了屋子。这时候，邻居听到了惊叫声，也来到了乔伊的家中，看着倒地的史蒂芬顿时知道情况不妙。

邻居迅速关掉了电闸，呼叫了救护车。这时候，让邻居非常吃惊的事情发生了。乔伊不停地揉搓着史蒂芬的胸脯，另一只手不停地抚摸着史蒂芬的手。邻居吃惊地问乔伊是怎么回事，乔伊慌忙说这是他在电影中看到的，这样有助于触电者死里逃生。邻居听了如坠云里雾中，慌乱中也帮着一起按摩史蒂芬身体的各个部位。

当医生确认史蒂芬已经死亡之后，乔伊大哭大闹。他说不可能，她明明还有呼吸，并且还不停地揉搓史蒂芬的身体。医生无奈，送到医院之后，确认史蒂芬早已死亡了半个小时。由于史蒂芬的意外死亡，警察也介入了调查。

警察并没有得到什么有用的证据，仅仅知道两人都缺乏用电常识，史蒂芬洗完头发后经常用吹风机吹头发，而乔伊平常根本不用。由于插孔不太好用，平常都是乔伊用螺丝刀帮助史蒂芬将插头接通电源。可是今天乔伊不在家，加上螺丝刀的塑料部分早已剥落，所以史蒂芬的悲剧在所难免。

得知事情的来龙去脉以后，警察尽管仍然怀疑，但是基于没有什么实际的证据，只好作罢。准备离开的时候，邻居的一句话却让警察再次细细斟酌起了事情的来龙去脉。

随后，警察回到办公室，将事情的原委告诉了上司，并将邻居的话也和盘托出。上司基于这些证据，想到乔伊买的天价保险突然醒悟，这是一场蓄意谋杀。史蒂芬的死亡，最终受益者就是乔伊。乔伊不会无缘无故买保险，而且买的是那种赔偿额巨大的保险。史蒂芬缺乏用电常识，所以螺丝刀的塑料部分脱落与乔伊有着紧密关系，是他蓄意将塑料刀处理得看上去像自然脱落，而不断揉搓史蒂芬是在毁灭证据。

上司将这些事情归纳在一起，认定这是一场蓄意谋杀案，而凶手正是乔伊。乔伊面对警察缜密的推理，无话可说。面对巨大的财富，很多人都会有丧失本性的时候，做出有违人性的事。

这场案件之所以能够顺利地破解，正是因为警察运用了归纳推理，将看似毫无关系的事情联系在一起，得出正确的结论。归纳推理的基础在于巨额保险，关键是保险的直接受益人。做任何一件事，肯定有缘由。正是乔伊贪念巨额保险金，为此设下了一个个圈套。看似毫无关联，但是将这些事情结合起来，就能发现真相。

归纳推理是从认识研究个别事物到总结、概括一般性规律的推断过程。在进行归纳和概括的时候，解释者不仅运用归纳推理，同时也运用演绎法。在人们的解释思维中，归纳和演绎是互相联系、互相补充、不可分割的。

三段推理

三段推理直接来源于哲学家亚里士多德，其中的经典论断是：第一段，每个人都会死亡；第二段，苏格拉底是生活在地球上的人；第三段，由第一段、第二段推出苏格拉底也将会死亡。这一例子虽然简单，却非常明确地阐明了三段推理的道理。

在侦探专家手中,这一推理经常被用在侦破案件中。即使非常有名的福尔摩斯和柯南,也经常使用三段推理来侦破案情。因为屡试不爽,在侦破案件时,三段推理术成了必不可缺的破案手段之一。

一段时间以来,美军为了赢得战场上的胜利,研究所正在马不停蹄地制定破敌新方案。

这一天,总工程师来到科研所,准备将最近研究出来的新方案和高层协商一下。为了保证方案的严密性,特地选择了星期天,并且科研所也加强了警备力量。

下午4点的时候,会议开始了。会议开到一半,总工程师想喝水,但是不慎将钢笔掉在了地上,他赶忙弯下身拾起钢笔。低头的瞬间,他意外地发现桌子下面竟然安装着一台小型的录音机。总工程师赶紧停止了会议进程,并且立即报警。

警察迅速赶到,然后打开录音机,听了听里面的录音。前3分钟根本没有任何声音,3分钟后开始有轻轻的关门声。10分钟前,参会者陆续进入会场,嗒嗒的皮鞋声响了起来。警察通过了解情况,判定录音机的安装时间是下午3点左右。

随后,警察立即召集了科研所中所有的人。因为是星期天,只有三个女职员在科研所。于是,警察分别把这三个人召集起来,一一进行盘问。

警察首先问她们在3点10分左右在做什么。

苏珊抢先回答:"当时妹妹打来了电话,我到阳台上接了个电话。"

警察看了看苏珊，看到她的运动鞋，于是问道："你为什么不穿工作鞋，反而穿运动鞋？"

苏珊立马回答："今天下班早，打算和妹妹一起去爬山，为此穿了旅游鞋。"

接下来，瑞秋回答："当时非常困，我去咖啡机旁边冲了杯咖啡，提提神。"

"那你为什么穿高跟鞋，公司可是明文规定不准穿高跟鞋的。"警察盯着瑞秋的高跟鞋问道。

"因为今天是星期天，下班后我还有约会，为此穿着高跟鞋上班。"瑞秋回答。

这时候斯蒂文说："今天是星期天，而且也没什么人，所以我也穿着高跟鞋来了。"

警察听完，看着三个人思索了一番，让其中两个人走了，留下了苏珊。警察经过层层盘问，并且将证据一一列出，最后苏珊终于缴械投降了。

人们不禁好奇，警察是怎样知道安装录音机的就是苏珊？安装录音机时并没有声音，只有关门声；旅游鞋走路没有声音大家都知道，但是穿高跟鞋的两人也可以脱掉高跟鞋，岂不是也没有声音。

警察根据三段推理，逐一排除了这些可能，一口咬定就是苏珊。

首先，安装录音机没有声音，只有关门声，说明这个人肯定没有穿着高跟鞋，可能脱掉鞋或者穿着旅游鞋。但是二段推理告诉我们，她肯定不会脱鞋的，因为只要脱掉就会留下脚纹，这样做只会适得其反。因此，犯罪嫌疑人就是苏珊。

侦探专家虽然非常普遍地应用三段推理，但是有时候也会出现偏差。

例如：她肯定会喜欢上一个人，而我是一个人，那么由此推论出她一定会喜欢上我。这样的结论肯定是不正确的，甚至有些悖谬。由此可以看出，三段推理并不是在任何情况下都正确，特别是在否定后一件事情，肯定前一件推理的时候经常产生错误，其中的因素包括心理定式、情感因素、亲属关系或者信仰偏差等。

因此，为了准确地找到犯罪嫌疑人、破解案件，应该综合多种推理，但是任何推理都应该基于确凿的证据。只有这样，才能找到真凶，还原事情的真相。

三段推理是人们进行数学证明、办案、科学研究等活动时，能够得到正确结论的科学性思维方法之一。凡是违背三段论原则的思维，都不可能得到可靠的结论。

连锁推理

在侦探小说中，聪明的侦探经常会运用连锁推理。但是对很多人来说，它显得非常陌生，很少被运用在日常生活中。其实，这种推理方法不应该仅仅应用在侦探上，而应运用在很多方面，拓展人们的思维。

那么，连锁推理到底是什么？如果单独讲理论，对很多人来说即便听懂了，也不明白到底是怎么回事，同时也不能灵活运用在日常生活中。为此，我们先讲一个故事，再概括出理论。

乔和罗斯是多年的朋友，虽然两人贫富差距很大，但是仍然有很多共同的兴趣爱好，为此经常聚在一起下棋、聊天。

有一天，空中飘起了鹅毛大雪，闲来无事的乔在家中待了整整一个下午，非常无聊。傍晚时分，他穿上外套来到了罗斯的家中。

两人一起喝茶、聊天，突然聊到了不远处公园里的蜡梅那么鲜艳。两人心血来潮，共同来到了公园里欣赏蜡梅。可是，两人的审美产生了偏差，随后发生了争执。

罗斯不禁想起了多年前两人共同在一家公司上班的日子。很多时候，由于顾虑到乔，导致自己在一家小公司浑浑噩噩地混日子。当初如果不是自己，乔仍然是最低级的员工。

这时，罗斯越想越生气，为此将旧事提起，一再刺激乔。乔本来有轻微的心脏病，这时又复发了。他不住向罗斯求救，可是正在气头上的罗斯根本不予理睬。几分钟之后，乔痛苦地倒在雪地里。这时候罗斯才开始慌了神，赶紧采取抢救措施，可是乔早已经身亡了。

罗斯不禁慌了神，但想到家里的妻子和孩子，他渐渐淡定下来。他思考了几分钟，终于平复了心情；然后脱下了乔的鞋，穿在自己脚上，同时将乔背起来。为了避免遇见路人，罗斯找了一条非常僻静的道路。当然，这么大的雪，遇见路人也非常不容易。

罗斯成功地将乔背到了家门口，然后将他放下，穿上了自己的鞋子。最后，他找了一条僻静的道路，回到自己家中。罗斯认为，即使有人发现，也不会怀疑到自己身上。

第二天，乔被家人发现的时候，早已经冻僵了，手中还攥着一朵蜡梅。警察向乔的家人了解情况，知道乔在最后时刻见了罗斯。看着雪地里的脚印以及乔手里的蜡梅，可以推测乔的死亡与罗斯脱不了关系。

罗斯始终不明白，雪地上的脚印明明只有乔的，为什么警察最后会怀疑到自己头上。在开庭的时候，罗斯才得知真相。警察运用了连锁推理，最后顺利地找到了罗斯。

也许直到这里，还有很多人没有看明白。雪地上只有乔的脚印，很多人会断定他是回到家中才死亡的，而不是在半途中。但是，很多人忽略了一点，乔的家门口有两个不同的脚印，如果乔是回家死亡的，路上不会有别人的脚印。可是罗斯回家的时候，为了不让人怀疑，穿上自己的鞋子踏着来时的脚印走路。不难想象，他即使再小心翼翼，也会有一部分脚印露出重合的痕迹。

此外，乔手中有一朵蜡梅，可知他生前看过蜡梅。有蜡梅的地方，而且距离最近，这个地方就是公园。当警察走到那个公园的时候，真相就揭开了。蜡梅树下是两个人的脚印，根据脚印，警察顺藤摸瓜，最后找到了罗斯。

罗斯恍然大悟，原来是自己粗心大意，才给警察留下了证据。其实，这时候罗斯早已经追悔莫及，如果那天不是意气用事，自己多年的朋友也不会命丧黄泉。

通过这个故事，也许很多人知道了连锁推理到底是怎么回事。简单来说，连锁推理就是根据已经得知的证据，衍生出别的证据，通过一步步推理，最后得出事情的真相。

侦探悬疑案情其实并没有那么玄乎，揭掉它们头上的神秘面纱，真相就会一步步地露出它的真面目。生活中，每个人都可以做侦探，关键是需要细心严谨的态度，根据已有的证据进行层层推理，得出真相。如果善于精细推理，每个人都可以是生活中的"福尔摩斯"。

假设推理

关于假设推理，相信很多人并不陌生，因为在上学时很多人都会接触到数学中的假设题。根据假设的内容来寻找线索，以此来证明假设是否成立。需要注意的是：假如肯定了前一个条件，也就意味着必须要肯定后一个条件，而反过来如果否定了前一个条件，那么也就意味着要否定整个命题。

琳达在一家大公司工作，作为销售经理一路披荆斩棘。她阅人无数，很少有男性令其真正动心。可以说，做到销售经理这个位置实属不易，在与客户和对手的攻防中斗智斗勇是家常便饭。

可是，半年前公司销售主管的到来让琳达眼前一亮。这个人叫钱德，不仅人长得帅气，而且又是多金的青年才俊，很多人都对他非常仰慕。但是，让很多人奇怪的是，钱德对其他美女职员完全无视，而是直接追求琳达。

琳达综合多种因素，最后答应了对方。两人交往了半年之久，不是非常亲近但也不是非常疏远。两个人相处的时候，琳达总是有一种似曾相识的感觉，这种感觉很怪，可是又说不上来。

这一天是琳达的生日，钱德送给了琳达一个陈旧却不失收藏价值的音乐盒。琳达看到陈旧的音乐盒虽然不太高兴，但是感觉它有收藏价值，也就没说什么。

有一天，琳达闲来无事，心血来潮拿着音乐盒去鉴定一下，看看它的收藏价值有多大。可是由于太过匆忙，音乐盒竟然掉在地上摔碎了。琳达非常伤心，她悔恨地捡起音乐盒的碎片，却意外地发现里面有半张模糊的照片。她怀着好奇心将照片拿起来细细地观看，没想到竟然是一条狗的影像。

细看之后，琳达惊慌失措。由于太过惊惧，突发心肌梗死，几分钟后就命丧黄泉了。

这起案件一直被当作疑案搁置起来，因为琳达死亡之前没有任何征兆，看似是自然死亡，而绝不是他杀。

这起案件直到新的警长上任，才旧事重提。为了破解琳达为何无缘无故地心肌梗死，眼睛为何还如此惊惧，警长又把事情的来龙去脉细细地盘问了一遍。无意之间，听到当时在场的警察说的一句话，警长心有所动。

警长找到了琳达的家人，询问她生前的感情经历。原来，琳达并非母亲亲生，两人的关系也很疏远。为此，琳达的母亲建议警长去找琳达的一位好朋友——菲比。

菲比接待了警长，并且将琳达的感情经历和盘托出。

琳达的感情状况非常复杂，一般而言她并非纯粹地喜欢某个异性，而是经常抱有功利的目的。在菲比的记忆中，琳达说留给她印象最深刻的男朋友是霍华思，因为他的死亡或多或少让琳达内心感到不安。

听到这里，警长赶紧追问为什么霍华思的死亡让琳达感到不安。原来两人都是爱狗人士，通过一个俱乐部熟识起来。他们因为共同的爱好走到一起，并且相处了三年。随后，不知什么原因，两人产生了非常严重的分歧，并且大吵一架后分道扬镳。

不久，传出霍华思死于非命，掉到悬崖下了。后来琳达说，她从霍华思的朋友那里得知，霍华思是爬山不慎掉下悬崖而死，但是具体什么原因不得而知。此后，琳达经常彻夜失眠，虽然仍旧照常工作，但是后来再没有全身心地谈过一次恋爱。

近半年，琳达和公司的销售主管走到了一起。有一次，她说之所以答应和销售主管交往，是因为有时候感觉对方非常像霍华思，和他在一起的时候既恐惧又刺激。

警长了解这些情况后，将半张狗的照片拿给菲比看。菲比看完大吃一惊，断定这就是当时琳达和霍华思一起养的狗。

随后，警长回到所里，更加确定钱德肯定和霍华思有紧密联系，琳达的死亡也绝非自然死亡。为了破案，警长单独找到了钱德。

出乎警长的意料，钱德表现得非常镇定。他说很久之前喜欢一个女孩，可是她为了利益竟然利用了自己。他摔下悬崖，整个面部都毁了，而且差点死掉。

后来，钱德被好心人救了，并且整了容，但是他始终不能压制内心的愤怒。为此，他将之前女孩和爱狗的照片撕掉了，并且运用一些手段将半张照片寄给了女方。本来只是想吓唬她，没想到对方竟然死了。

当然，这个女孩就是琳达，钱德就是毁了容的霍华思。人世间的恩怨没有尽头，活着的时候竞相追逐利益，可是死时又能带走什么？

案情终于明朗了，人们了解了真相。当然，案情顺利破解少不了警长的假设推理。他大胆假设，并且小心求证，步步为营，终于有了后来的水落石出。

有的案情看似没有眉目，不知道如何下手，这时候不妨大胆地假设，然后再收集证据，得出真相。这样从多种渠道出发，推理案情，也许会有意想不到的发现。

逆向推理

逆向推理是从结论出发，提出各种假设，如果假设成立，那就证明结论是正确的。

显然，逆向推理带有很强的目标性，因此不必沉迷于与目标不相关的事情或信息。为此，在侦查案件时，很多人经常运用逆向推理，从案情的结果出发，假设各种作案动机，最后推断出凶手。

一个老猎人独自住在山顶上。为了防止大型动物袭击，他把房子建在山顶，下面都是山坡，这样即使动物爬到这里来，也会疲惫不堪。

凭借这种设计，老猎人居住在山上多年，仍然非常安全，没有遇到过大型动物的袭击。这一天，他在森林深处捕捉到一头大棕熊，心里非常高兴。老猎人回到家里做了几个小菜，喝了点酒，醉醺醺地睡着了。

半夜的时候，忽然出现了断断续续的敲门声。老猎人被吵醒后，觉得非常奇怪。多年来，从来没有人在半夜来访。敲门声仍在持续，他不得已拿起猎枪开了门。由于晚上喝了点酒，还没有彻底地醒来。老猎人四处望了望，并没有人迹，于是又醉醺醺地回到了屋里。

老猎人又爬到床上，继续睡觉了。但是两个小时后，又听见了敲门声。这次敲门声更加轻微，并且间隔时间更长一些。老猎人心里不禁奇怪，到底是谁在晚上开这样的玩笑？他警惕地拿起猎枪，用力推开了门。

令人奇怪的是，这次仍然没有人，老猎人不禁怀疑自己的耳朵是否出了问题，可能是自己听错了。老猎人酒醒了一半，现在也比较清醒了。这一次，他并没有着急回到屋里，四下望了望，仍然没有发现人来过的痕迹。他大声喊了几句，并没有回应。无奈，他再次回到了床上。

老猎人心里不禁发毛，到底是谁大晚上来到这里。他躺在床上，等着敲门声再次响起，一探究竟。等了两个多小时，老猎人渐渐睡意蒙眬了。这时，敲门声又响起来了。老猎人这次真的害怕了，躺在床上一动不动。敲门声越来越小，老猎人无奈从床上起来，拿起猎枪，走向了门边。

由于极度害怕，老猎人举着猎枪，猛地一开门，大声喊道："是谁？快出来，别装神弄鬼。"仍然没有人回答，只有簌簌的风声。老猎人细看周围，发现门边有些血迹，山坡上隐隐约约有些滑落的痕迹。

老猎人回到屋里，猜想是不是受伤的动物在敲门。但是，根据多年的经验，这根本不合常理。他彻底没有睡意了，坐在床边等待着敲门声再次响起。可是此后，直到天亮也没有再响起敲门声。

由于昨天晚上的过度惊吓，老猎人吃完早饭准备到山下女儿家居住一晚。他走出屋门，走下山坡，看到山坡的斜路上有很多滑落的痕迹，并且还有大量的血迹。老猎人心里非常奇怪。

走到山下，老猎人看到警察围着一具尸体。衣服都划破了，并且有很多血迹。警察看到老猎人从山上走下来，急忙走过来。警察看了看山上的屋子，然后问道："你在上面那个屋子居住吗？"老猎人点点头。

警察没再说什么，直接把老猎人带上了警车。老猎人非常奇怪，自己到底做了什么错事。直到详细询问案情，他才恍然大悟。那天晚上，一直有人敲门，原来并不是老猎人的错觉，而是有一个受伤的人不断爬上去求救。但是，老猎人由于极度害怕，开门力度比较大，几次无意中把受伤者推下了悬崖。

原来，频繁的敲门声均来自受伤者求救。他反复地爬上去，又被推下来，最后体力透支，又加上饥寒交迫，最终死在了山下。

警察来到山下，看到尸体遍体鳞伤，并且上山的路到处都是划痕，还有一些血迹，断定这具尸体是从山上扔下来的。通过逆向推理，警察很快将作案凶手锁定为老猎人。

经过一番解释，最后老猎人被判了六个月的有期徒刑。

逆向推理的主要特点是将问题解决的目标分解成子目标，直至使子目标按逆推途径与给定条件建立直接联系或等同起来，即目标→子目标→子目标→现有条件。它适用于问题中有多条途径从初始状态出发，而只有少数路径通向目标的状况。

同异推理

在逻辑学上，同异推理包括相同的一方面，同时也包括不同的一方面。同异推理实际上包含两个方面，分别是求同推理和求异推理，求同推理也被称为契合法，求异推理被称为差异法。

鲍勃是一个养蜂人，每年都会追随花的开放，四处采集蜂蜜。基于去年的教训，鲍勃在棕熊出现的道路上设了一个陷阱，以防再被棕熊袭击。被棕熊袭击的事想起来就让人气愤，为此他又掩饰了一下陷阱。

对于设置这种陷阱，鲍勃非常精通。小时候，他经常跟随父亲上山打猎，不仅见识过动物掉进陷阱后痛苦地挣扎，而且自己也尝过这种陷阱的厉害。一旦动物触动机关，脚就会被紧紧套住，再挣扎也无济于事。

为了万无一失，鲍勃将猎枪藏在了陷阱旁边的草丛里，这样可以开枪射击动物。准备就绪之后，他坐在陷阱的旁边，一边吸烟一边想着下一站去哪里收集蜂蜜。

"兄弟，借个火。"身后突然传来声音。鲍勃回头一看，原来是两个男子，他们拿着烟，手里却没有火。

鲍勃回过神来，准备去掏打火机。没想到背后遭到其中一个男子袭击，身体不自觉地朝着陷阱掉进去，脚被紧紧束住了。鲍勃知道，即使自己再挣扎也无济于事，于是静静地躺在陷阱里。

两个人看到偷袭成功，不禁露出了凶残的本色。确认鲍勃不会挣脱后，他们心安理得地朝着盛放蜂蜜的车走去。原来这两个人是潜逃的犯人，因为路过这里，看到了装有蜂蜜的车，饥饿感不禁涌上心头。他们想私自占有这辆车，为此才行凶。

两人对蜂蜜垂涎已久，狼吞虎咽地吃起来。正在他们吃得尽兴的时候，却听见背后传来声音："举起手来，如果反抗就要开枪了。"

逃犯吓得面如土色，回过头来一看竟然是鲍勃。他们非常吃惊，这种陷阱只要束住脚，就不可能爬上来，刚才明明看到鲍勃被牢牢束缚住了。

原来鲍勃深知这种陷阱的厉害，并且曾经尝过这种陷阱的苦头。小时候，他跟着父亲进山，由于贪玩追逐野兔不小心掉进了这种陷阱，为此还赔上了自己的一条腿。今天被套住的那条腿正好是之前废掉的，现在只是一条假肢。

鲍勃趁着逃犯吃蜂蜜的时候，将假肢拿下来，拿起藏在旁边的猎枪，出其不意地救了自己一命。不得不说，正是因为鲍勃之前遭遇了同样的不幸，这次才得以逃生。

这就是相同推理的一个典型案例，两件相同的事情不可能同时发生两次。同理，鲍勃那条废掉的腿不可能再次受到伤害。推而广之，一件事情同时发生了两次，肯定有什么不同的地方，这就需要探究了。如果能够得出原因，那么离弄清真相也就不远了。

相异推理和相同推理一样，两件事情或者多件事情多次发生，必定有不同之处，这些不同的地方就是案情的真相。事情的真相隐藏于无形的细微之处，这就需要认真观察，找出不同，从而真正破解案件。

在侦查案件时，不论运用哪种方法，都需要严密的逻辑分析以及精准的眼光，对细致入微的东西进行探究，才能侦破案情。无论案件多么神秘，都是人为制造出来的，只要细心就能驱散笼罩的迷雾，案情的真相就会揭开。

类比推理

对很多人来说，类比推理并不陌生。简单来说，类比是两个或者多个事物的一部分特性是相同的，从而能顺利推断出其他的特性也是相同的。这种推理不仅在侦探专家手中经常运用，生活中也很常见。

在医院里，医生经常会将左手指贴在病人的胸壁上，用右手指轻轻地扣左手指，从病人胸廓发出的声音诊断出病人的心肺是否有疾病，这就是有名的叩诊法。虽然经常看到，但是很少人知道这一诊断法来源于奥恩·布鲁格的发现，他就是运用类比推理的方法从父亲的日常行为发明了这一技法。

奥恩·布鲁格的父亲是酒店老板，他经常用手指敲击大酒桶，通过声音判断大酒桶中还有多少酒量。布鲁格由此受到启发，把这一方法应用在病人的胸腔上，以此来寻找病灶。经过大量的经验积累，其中也包括解剖尸体的追踪，才创立了流传至今的叩诊法。后经世人不断完善，在医学史上产生了巨大的影响。

20世纪30年代中期，香港茂隆皮箱行由于货真价实、物美价廉，在皮箱行业里可谓如日中天。

茂隆皮箱行的生意兴隆招来了英国商人威尔斯的垂涎。为了击垮茂隆皮箱行的生意，威尔斯策划了一起蓄意敲诈案。他到茂隆皮箱行订购了 5000 只皮箱，价值 30 万港元，并且合同上注明如果茂隆皮箱行不按期交货或者质量不过关，那么就应该赔偿原价的两倍给买家。

茂隆皮箱行如期交货，不料遭到威尔斯的刁难。威尔斯认为，皮箱中有木料，怎能说是皮箱呢，自己明明订购的是皮箱，这明显是欺骗顾客，并且将茂隆皮箱行告上了法庭。

威尔斯认为这次会把茂隆皮箱行置于死地，为此信口雌黄，气焰非常嚣张。正当双方僵持的时候，茂隆皮箱行的代理律师发话了，他举起自己的金表，向法庭上的人询问道："这是金表吗？"

法庭上的人呆若木鸡，心想这与案件有什么关系，但还是点头承认是金表。然而代理律师却说："如果按照威尔斯的论断，这表就不是金表，因为这块表除了表面镀金之外，内部任何部件都不是金制的，所以我说它不是金表。"

但这样的论断明明是不正确的，人们纷纷摇头。

"如果你们承认这块是金表，那么皮箱又为何不是皮箱呢？这其实是一个道理。"代理律师继续说。

人们恍然大悟，原来代理律师用相同的原理来为被告辩护。金表因为外面的材质而成为金表，人们毋庸置疑。同样，皮箱也只是一种叫法，而根本不是所谓的全部用皮革制作。一旁的威尔斯听后也不禁理屈词穷。法庭最后判决威尔斯诬告罪成立，并且赔偿茂隆皮箱行。

代理律师的成功离不开类比论证。他将金表与皮箱进行类比，金表虽然叫金表，但只是外面镀了一层金，而不是全部都是金制的。同样，皮箱之所以叫皮箱是因为外面的皮革，而不是因为内部的木料。

法庭上，代理律师使用了类比推理，有力地驳斥了原告的谬论，成功地扭转了局势，帮助被告赢得了胜利。

其实不仅在侦查案件中需要类比推理，在辩论赛中也经常使用类比推理，达到预期的目的。

类比推理虽然在很多方面具有举足轻重的地位，但是其结果也有一定的偶然性。也就是说，类比推理的结果可能是正确的，也有可能是错误的。这就需要人们在运用类比推理的时候擦亮眼睛，综合各种因素，作出正确的判断。

◆

第 15 章

社群逻辑

"连接"是一切价值的源头

社群思维作为一种人性化生存法则，其思维方式关乎人类的生存和价值观。进入互联网时代，通过有效社群点燃用户，引爆产品传播，已经成为一种趋势。"成功，不仅在于你知道什么或做什么，还在于你认识谁。"这句话在今天仍然没过时。

无所不在的六度空间理论

美国有句谚语说得好：每个人距总统只有六个人的距离。意思是说，你认识一些人，他们又认识一些人，而他们又认识另外一些人……这种连锁反应能一直延续到总统的椭圆形办公室。

这提醒我们，如果你距总统只有六个人的距离，那么你距你想见的任何一个人也只有六个人或者更少人的距离。只要你用心，你就能找出各种关系来认识他、结交他，实现你的理想。

上面这种说法，其实是有理论依据的，即六度空间理论——你和任何一个陌生人之间所间隔的人不会超过六个，也就是说，最多通过六个人你就能够认识任何一个陌生人。

英国《卫报》曾经报道说，微软的研究人员通过检查 1.8 亿人之间的 300 亿个电子信息后宣布，这个理论是成立的。因为，我们都是被一个熟人链联系在一起的，只需六个人介绍，你就可以与地球上任何一个人联系起来。

利用六度空间理论，我们能很好地理解看似高深的社会网络。生活中，我们都有这样的经验，无意中跟朋友聊起某次"奇遇"，有的故事主角竟然是朋友的朋友。所以有人感叹，这个世界原来这么小。

其实，这个世界很大，只是我们每个人都处在关系网的某个节点上，一旦被某条线索串联起来，我们就能和毫不相干的人产生联系。

由此，不难理解关系网的存在形式，以及它应有的价值。静下心来仔细想一下，在我们的工作和生活中，究竟结识了多少有价值的人？设想一下，我们实际拥有的网络延伸到了我们每天都有联系的人之外，包括同学、校友、同事以及客户等，他们都是你的网络成员。

这样看来，我们已经拥有一张密不透风、无所不及的超级大网，而坐在网中央胸有成竹的我们，只要善于调动各种关系为我所用，就能轻松处置各种难题，打破眼前的僵局，游刃有余地为人处世。

第一，编织关系网，把陌生人变成朋友。

现实中，很多成功的人大多都在编织自己的关系网。这种网络由各种不同的朋友组成，在你的关系网中，应该有各式各样的朋友，他们能够从不同的角度为你提供不同的帮助。当然，你也要根据他们的需要为他们提供不同的帮助。

第二，在关键时刻找到关键的人。

科学实验告诉我们：世界上任何地方的任何两个人，最多通过六个中间人就可以联系起来，从而形成一定的关系。从这个意义上讲，遇到麻烦需要人帮忙的时候，只要能在关键时刻找到关键的人，事情就成功了一半。

世界是一张纵横交错的网，而你就是网上的一点，从这一点出发，能借助各种关系到达各个地方、认识任何一个人。这就是关系的威力。

了解他人的真实需求

赢取友谊与影响他人最有效的方法之一，是认真对待他人的想法，让他觉得自己很重要。与人谈话时，只有聊到感兴趣的话题，才能吸引对方注意，进而令其主动"上钩"。显然，世上唯一能够影响到别人的办法，就是给予对方所需，同时告诉他如何去获得。

当你要求别人做某些事情的时候，不妨弄清楚对方的真实需求是什么，然后围绕这一诉求，用一种委婉的方式提出自己的要求。比如，孩子想要吸烟，你无须大声地呵斥，只需告诉他们，如果吸烟就无法参加棒球队，问题就会迎刃而解。不管你需要应付的是一个孩子，还是一只动物，这都是值得注意的事情。

从一个人呱呱坠地的那一刻开始，他所做的一切事情，说的每一句话，每一个微笑的举动，都是从自身的需求出发，都是为了自己。哈雷·欧佛斯托教授曾经说过，行动是由人类的基本欲望产生的。如果你想说服别人，最好的建议应该建立在对方的信念中，激发他们的迫切需要。如果能做到这一点，那么整个世界都将掌握在你的手中。

在一个利己主义占据主导地位的社会中，许多人都追求个人价值与利益的最大化。所以，当群体中偶尔出现了几个无私而又愿意提供帮助的人，他们就能获得极大的收益。因为，很少有人会在帮助他人方面与之竞争。

许多人每天忙碌不堪，却毫无收获。因为在他们的心中，时刻想到的都只是自己的需要，而忽略了他人的需求。比如，如果不去考虑顾客想不想买东西，顾客喜欢以什么方式来购买，就注定一无所得。所以，"时刻关注对方的需求，激发对方的渴望"，就显得尤其重要。

一个年轻人毕业后刚参加工作，想利用休息时间练习篮球技术。于是，他这样说服其他人："我希望你们能和我一起打篮球，因为我喜欢篮球。但是每次当我想打球的时候，总是发现人手不够，而且很多人技术很差，把我打得鼻青脸肿。希望你们明天晚上能够和我一起来打篮球。"

这个年轻人谈及对方的需求了吗？很显然，没有。事实上，如果大部分的人都不去体育馆打篮球，你也一定不会去。没有人在意那个年轻人想要什么，你也同样不想被别人打得鼻青脸肿。由于无法让人觉得打篮球能有所收获，所以这个年轻人在说服一事上碰壁了。但是，如果他能够换一种说法，比如打篮球可以锻炼身体，让自己更有胃口，得到更多乐趣，那么响应他的人应该会有很多。

从今天开始尝试着做出改变吧，当我们想要劝说某人时，不妨先自问：我要怎样才能让他做这件事？这样便能阻止我们在匆忙之中面对他人，导致多说无益，徒劳无功。最后，请牢记一句箴言：先激起他人的渴望，才能与世人一道，永不寂寞。

记住对方的名字，这很重要

一般人对自己的名字都非常关心。记住一个人的名字，很自然地脱口而出，表明你已对他含有微妙的恭维和赞赏的意味。反过来讲，忘记了一个人的名字，或者叫错了，不但令对方难堪，对你自己也是一种很大的损害。

正是因为这个超人的本领，吉姆才能帮助罗斯福进入白宫。为什么这样说呢？罗斯福开始竞选总统前几个月，吉姆作为其竞选团队的总干事一天要写数百封信，分发给美国西部、西北部各州的熟人、朋友。然后，他再搭乘火车，在 19 天的旅途中走遍美国 20 个州。当然，他除了乘坐火车外，还使用其他交通工具，比如轻便汽车、轮船、马车等。吉姆每到一个城镇都去找熟人吃早餐、午餐、晚餐、茶点，进行极诚恳的谈话，接着再赶往下一段行程。

吉姆回到东部时，立即给各城镇的朋友写了一封信，请他们把曾经谈过话的客人名单寄过来。那些不计其数的人，都会得到吉姆亲密而极礼貌的复函。每个人都非常重视自己的名字，尽量设法让它流传下去，甚至愿意付出任何代价。

吉姆这种记忆别人名字的习惯看起来很难做到，其实坚持下来并不困难。吉姆是怎样做的呢？原来，他每遇到一个新朋友时，就问清楚对方的姓名、职业，家里有多少人和对当前政治的见解。问清楚之后，就把它们牢牢地记在心里。下次遇到这个人，即使已相隔了一年多的时间，吉姆还能拍拍那人的肩膀，问候他的妻子儿女，甚至谈谈对方家里后院的花草。

200 多年前，有钱人常给那些作家出资，让作家用其名义出书。博物馆、图书馆有丰富的收藏，那些陈列品上都有捐赠者的姓名。显然，那些人希望自己的名字永远延续下去。

许多成功人士都知道一种最明显、最简单而又最重要的获得好感的方法，那就是记住对方的名字，让对方感到自己很重要。记忆他人名字的能力，在事业上、交际上和政治上是同样重要的。

让每个人都高兴的方法

有一个农家妇女，在准备吃饭的时候把一堆草放到丈夫面前，这是她辛劳一天的劳动成果。丈夫愤怒地质问，是不是疯了。结果，这个女人反驳道："哦，我现在才知道，原来你会注意到这些。我给你做了20年的饭，在这么长的时间里，我从未听你说过吃的不是草。"

为什么不把赞美送给你的妻子呢？当她端上一只嫩香可口的烧鸡时，你应该果断地告诉对方，她的手艺很棒，这道菜非常美味，让她知道你不是在简单地吃草。

当你准备对爱人进行赞赏的时候，别不好意思让她知道，因为这对她来说是一件快乐的事情。

艾迪·康德在一次访谈中说："在我的一生之中，妻子对我的帮助多于这个世界上其他任何人。我们很小的时候就认识了，可谓青梅竹马，她是我前进的动力和坚实的后盾。结婚以后，她永远记得把每分钱节省下来，不断进行投资，为我积累了许多财富。现在，我们已经有五个可爱的孩子。她时刻都在为这个家营造幸福的气氛，如果说我有什么成就的话，那完全是我妻子的功劳。"

如果你想让家庭生活充满幸福与快乐，那么就要遵循一个重要规则：给予你的爱人真诚的欣赏和赞美。

在集体中完成你的个人理想

如何处理个人与团体的关系？最聪明的做法是把二者合在一起看，不把它们分开看。也就是说，透过团队来完成自己、实现个人抱负，在处理个人与组织关系上是一种智慧的表现。

对此，并不难理解。一个人没有团队做后盾，孤军奋战，无论有多大能耐，也难以打开局面。

秋天，大雁总是结伴往南飞，队伍一会儿呈现"一"字形，一会儿呈现"人"字形。那么，大雁为什么要编队飞行呢？

科学证实，大雁编队飞行能够产生一种空气动力，从而使得"人"字形大雁要比独自飞行的大雁多飞行70%的路程。也就是说，编队飞行的大雁能够在自己飞行的同时，为别人创造更加省力的机会，从而大家都飞得更远些。

另外，大雁的叫声激情四射，能给同伴以激励和鼓舞，使整个团队保持前进的信心和毅力。在团队中，大雁不但能获得归属感，也能充满生机与活力。

一只大雁脱离飞行队伍时，会立刻感觉到独自飞行的艰苦，所以会很快回到队伍中，继续利用前一只大雁造成的浮力向前飞行。

一个编队飞行队伍中最辛苦的莫过于领头雁。当领头雁累了时，它会退居到队伍的侧翼，另外一只大雁会取代它的位置而继续领飞。总之，大雁在集体中获得了新生，在协作中找到了自己的价值。

每个人的智慧是有限的，你要借助他人的力量取胜，而不是一味显露自己的才华。这就要求你善于调动各种资源，发挥集体的智慧，最终实现预期的发展目标。为此，你要把握如下两点：

第一，与身边的人实现内部信息共享。

一个组织是由许多团队成员组成的，每个人都掌握着自己工作岗位上的一手信息，我们要及时获取来自各个方面的真实有效的信息，实现信息共享。

第二，密切关系，建立友好的气氛。

信息的传递过程必须借助人与人之间的沟通来实现，想要从他人那里获得有价值的信息，必须先与之建立良好的互动关系。很显然，如果彼此关系僵化、缺乏合作精神，那么我们就不能保证信息的真实有效。

做人的时候，善于合作、保持微笑、不搞小圈子，才能融入大家庭；做事的时候，顾及对方利益、学会换位思考、懂得合作共赢，才能尽得人心。在集体中成就自己，永远是成功的不二法门。

谈论让人感兴趣的话题

美国前总统西奥多·罗斯福拥有渊博的知识和强大的人格魅力，每一个和他交谈过的人都会对此赞叹不已。无论你是牧童还是骑士，是政客或是商人，抑或是一名工人，他都能和你交谈甚欢，不会出现无话可说的尴尬局面。

为什么罗斯福能和每个拜访他的人滔滔不绝呢？原来，无论要见什么人，他总会在前一天的晚上推迟入睡时间，快速翻阅一些来访者特别感兴趣的资料。几乎所有的领袖人物都和罗斯福一样，深知在交谈时通达对方内心的巧妙方法——和对方谈论其感兴趣的话题。

查立夫是一位热心于童子军事业的人。有一次，欧洲要举办童子军的夏令营活动，查立夫想让一个孩子参加。但是，这个孩子需要帮助，需要有人赞助他的行程费用。于是，查立夫拜访了美国某家大公司的经理。幸运的是，他在正式拜访之前，恰好听说这位经理曾经开过一张100万美元的支票，这张支票退回来后，被放在镜框中。

进入经理的办公室后，查立夫没有提及这次拜访的目的，而是请对方展示那张支票。他说："我这辈子都没有听说过有人开过数额如此巨大的支票，而且我想要告诉那些可爱的童子军，自己亲眼见过一张100万美元的支票，那该是多么惬意的事情。"

这个理由显然打动了那位经理，他高兴地拿出那张百万美元的支票，展示给查立夫。查立夫对这张支票赞叹不已，并且请那位经理详细地描述当时开支票的经过。随后，两个人围绕着这张支票展开了讨论。

在整个谈话过程中，那位经理一直十分自豪，并且心情非常愉悦。查立夫一直没有向他提及童子军和赞助的事情，直到最后那位经理才询问道："请问你来找我有什么事情？"至此，查立夫才将事情原原本本地告诉了对方。

随后，那位经理不但立刻答应了查立夫的请求，还给了他更多的资助。事实上，那位经理一共资助了五名童子军和查立夫本人，给他开了一张1000美元的支票，并且建议他们在欧洲多玩一段时间。

临别之时，那位经理还给查立夫写了一封介绍信，让他到了欧洲之后，去找欧洲分公司的经理，从那里可以得到必要的帮助。后来的事情更让查立夫感到不可思议，这位经理忙完手头的事情之后，亲自到了巴黎，带领查立夫和五名童子军游览了这座城市。而且自那以后，那位经理对童子军的事业非常热心，经常为家庭贫困的童子军提供赚钱的机会。

查立夫感叹，如果他当时没有找到对方感兴趣的话题，没有让对方心情愉悦起来，那么后来谈判成功的概率恐怕连十分之一都没有。

查立夫是一个聪明人，他先谈论对方感兴趣的话题，迅速拉近了彼此的距离。在人际沟通中，确保谈话能让对方感兴趣，会令其敞开心扉，保持愉悦的精神状态。有了好心情，接下来再讨论更重要的话题，成功率自然就会大增。

从说服他人的角度来看，确保对方心情舒畅是成功施加影响力的基础。一个人心情不好，对谈论的话题没兴趣，必然对外界采取排斥的态度。这时候，你提出的任何建议都会碰壁。相反，谈论对方感兴趣的话题，就像催眠一样在构建一个令人愉悦的梦境，而你就有机会在潜移默化中提出自己的观点，并影响对方的决策和判断。由此，说服他人的成功率也就大大增加了。

令人愉悦的谈话是一种享受，并且对双方来说都是有益的。这个方法可以让你非常流畅地与身边每一个人畅谈，而且都会让对方感到舒适。在这种氛围中对话，你不仅会从他人那里获益，而且这种获益会丰富你的生活。

多结交比自己更优秀的人

"近朱者赤，近墨者黑"，结交比自己优秀的人，模仿他们，学习他们，你也不会差到哪里去。

优秀的人并非竞争对手，而是一盏明灯，照亮身边的人。作为后来者，你可以学习对方的做事技巧、思维习惯、决策艺术，从而不断精进自我，获得成长与发展的机会。

与优秀的人相识、相处，并不像通常想象的那么困难，只要你愿意付诸努力，一定会有收获。此外，优秀的人心胸宽广、见识非凡，不会为难、轻视他人，反而容易相处。与他们在一起，你会变得越来越出色。

美国一位农家少年阿瑟·华卡，偶尔在杂志上读了一些大实业家的故事。他想详细了解这些人的事迹，并倾听他们对后来者的忠告。

后来，华卡跑到纽约，早上 7 点就来到威廉·亚斯达的事务所。敲开第二间办公室以后，他立刻认出了面前那位体格结实、长着一对浓眉的人是谁。

高个子的亚斯达开始觉得这个少年有点儿讨厌，然而少年一开口，他就微笑起来。华卡问道："我很想知道，我怎样才能赚得百万美元？"于是，亚斯达饶有兴趣地谈论起这个问题，与华卡竟然不知不觉聊了一个小时。

随后，亚斯达建议华卡拜访其他实业界的名人。这个少年照做了，接连走访了一流的商人、总编辑及银行家。在赚钱方面，这些忠告并不见得对华卡有所帮助，但是能得到成功者的指引，极大地提升了他的信心。

随后，阿瑟·华卡开始效仿那些成功者的做法，并逐步取得了一些成就。过了两年，这个 20 岁的青年成为最初当学徒的那家工厂的拥有者；24 岁时，他成为一家农业机械厂的总经理。

华卡活跃于实业界 67 年，实践着他年轻时来纽约学到的成功信条，即多结交有益的人。在人生之路上，那些建功立业的前辈就是一座座灯塔，能为你指明前进的方向，甚至帮你转换命运。

结交比自己更优秀的人，这是许多成功人士的经验总结。向强者看齐，学习他们的经验和智慧，是获取成功的高效方法。

对年轻人来说，尤其需要建立良好的、高层次的人际关系。结交优秀人才以后，你会对自己提出更高的要求，时时处处以更高的标准要求自己。在这种人际氛围中，想不优秀都难。因此，与优秀的人在一起是人生的幸运。

| 第 16 章 |

◆

底层逻辑

摆脱困惑迷茫的强者思维

　　底层逻辑是从事物的底层、本质出发，寻找解决问题路径的思维方法。底层逻辑越坚固，解决问题的能力也就越强。真正的强者善用底层逻辑思考和解决问题，从而有效逆转眼前的被动局面，告别做事的无力感和焦虑感，在工作和生活中取得主导权。

理解人性，做清醒的明白人

在任何事件中，都别低估人性的影响。耐心了解对方的心理、兴趣、需求、利益等，在规矩做人的前提下遵循人性逻辑行事，自然容易达成所愿。

比如，趋利避害是人的本性。有时候，人们会为了利益做出一些违反原则的事情，为了躲避祸患作出违心的选择，其实都不难理解。遇到上述情况，仅仅大发雷霆是不够的，你必须懂得人性背后的利益抉择，并能够通过这一点引导他人走上正途。

"人性好利"是法家最基本的人性论观点，从商鞅到韩非子，无不以此作为阐述自己政治主张的出发点。比如，商鞅认为，"民生则计利，死则虑名"，意思是人活着就会计较利害得失，甚至连死后流传至后世的名声也十分在意。

对此，韩非子非常赞同，并认为"夫安利者就之"是人之常情，进而提出君主应该顺应人性的需求实施统治，这样才会获取臣民真正的支持。如果你想让他人按照自己的意愿采取行动，必须坚持人性原则，让大家搞清楚利害关系。

当年，赵匡胤在发动"陈桥兵变"之前，与李继勋、石守信、王审琦、刘守忠、刘庆义、刘廷让等人结为"义社十兄弟"。正是因为有了这些人的鼎力相助，赵匡胤才得以黄袍加身，建立了大宋王朝。

可以想见，当初赵匡胤一定为自己的兄弟描绘了美好前程，从而鼓动大家支持自己，一起打天下。显然，没有这种利益驱动及众人追随，赵匡胤无法成为一代开国帝王。

后来，赵匡胤意识到权力集中在功臣手里，终究是个祸患。于是，他不得不考虑削减大家的兵权，这才有了著名的"杯酒释兵权"。这次事件的意义在于，没有发生血光之灾，赵匡胤凭借三寸不烂之舌，晓以利害，就让大家放弃兵权、归隐田园。这些功臣都得到了善终，避免了当年韩信"狡兔死，走狗烹"的惨烈下场，也是众人趋利避害的本性使然。

当你想不通一件事的时候，往"人性"上靠拢，定会恍然大悟。成熟不是看懂事情，而是看透人性。理解了人性，可以帮助我们揭开人格面纱、勾勒情感轮廓、解释人类行为，在工作和生活中处处得心应手。

形势永远比个人能力重要

汉语中有一个词语叫"水到渠成"，它表明事物发展都有自己的规律可循。为人处世的时候，一定要善于借助事物内在的力量因势利导，才容易获得成功。就像大禹治水一样，采用疏导的方法，按照水的走势采取措施就容易驯服它，否则就会碰壁。

世间的一切关系、力量，可以用"势"这个字来理解。人与人之间靠的是一个字，这个字不是权，而是势。所以，评价一个人时我们常常说"很势利"。其实，势利这个词最初是褒义词，"时势造英雄"，那个"势"很厉害，形势绝对比人强，他的势在那里，你不得不服。

那么，办事的过程中如何理解这种"势"，并在生活、工作中有所作为呢？具体来说，要把握好以下三点：

第一，布局是行动的开始。

做任何事情都要从布局开始，这是行动的原点。许多时候，打开人生局面是通过创造机会实现的，通过事先谋划来建立联系，日后才能因势利导，成功掌握事情的发展方向。

敢于创造机会、善于抓住机会，这是强者取得成功的秘诀。培根说过，智者创造的机会要比他找到的机会多。懂得布局的人不安于现状，他们积极制造机会、主动创造机遇，因此能够办大事、成大事。

第二，造势是博弈的策略。

何谓"势"？《孙子兵法》上说："激水之疾，至于漂石者，势也。"湍急的流水能冲走巨石，这就是"势"的力量。在行动过程中，布局之后就要去造势。一旦"势"出来了，就没有人能够阻挡。"形势比人强"，说的就是这个道理。

在《三国演义》中，诸葛亮特别擅长造势、借势、用势。比如，刘备赴江东招亲时，赵云让荆州随行兵士都穿上喜庆的衣服，这就是诸葛亮在造势，目的是制造一种热热闹闹办喜事的舆论声势，给孙权施加压力。

结果，这一行动惊动了东吴的乔国老和吴国太，孙权和周瑜的假戏不得不真唱下去，没有办法停下来。最后，刘备得了孙夫人，又保住了荆州，取得了一箭双雕的效果。

做事的时候，要主动制造一种朝既定目标发展的情势，一旦事情发展到那一步，那么你就成为局势的掌控者，在关键时刻顺势而为，从而实现自己的目标。迎接胜利时刻的到来，不是傻傻等待，而是主动造势，并为此埋头苦干。

第三，照顾各方关切的利益。

有开始就有结束，事情总会有一个结局。这个结局要让各方不争执，大家都能接受某一个结果，这就是最后的"摆平"。显然，能摆平各个关键人物，你就是能办大事的人。

如果出现这样一种情况——你得利了，而大家最后吃亏了，势必引起众人的强烈反抗，这样问题就大了。无论处理什么事情，最后一定要能摆平，让大家接受统一的结果，最后满意地散去。

《易经》上说："潜龙勿用，见龙在田，飞龙在天，亢龙有悔。"意思是，一个人势力弱小、能力不足时，要懂得保护自己，不要承担重大责任；有一定能力的时候，才能出来做点事；个人能力、声望达到顶点时，才能做大事；一个人的高峰过去以后，要懂得反省、退让。显然，积极创造有利的态势，并懂得顺势而为，才容易办成大事。

掌握"情、理、法"的关系

在中国传统社会里，"情""理""法"构成了处理彼此关系的基本原则。长期以来，"人情"被放在重要的位置上，对人际关系产生微妙的影响，也左右着人们办事的逻辑。受此影响，过去中国人习惯在人情的基础上谈论"道理""法规"。

现代社会中，人们按照"法""理""情"的顺序处理关系，与传统原则正好颠倒过来，反映了人们对法律的重视。现代人强调"法"，推动了社会秩序、商业规则的确立，是一种进步。

不过，在中国文化背景下，处理好关系不能忽视"情"和"理"的价值。比如，某企业与其员工约法三章：第一次犯错误，讲得出道理，不会惩罚；第二次犯错，没有说得过去的理由，就要接受处罚。

仔细分析可以发现，其背后的逻辑是：第一次犯错，有道理就不处罚，这其实是一种人情；经常无理由犯错，就要接受处罚，这是法，是一种惩戒。这样做更合乎人情、法度，因此也是合理的。

第一，"法"是基础，人人都要遵守。

历史上，刘邦带领起义队伍进入咸阳后，不少将士忙于掠取财物。当时，张良、樊哙建议刘邦把军队撤出咸阳，还军霸上，并约法三章：第一条，杀人者偿命；第二条，伤人者根据轻重程度，处以抵罪的肉刑；第三条，偷盗者处以抵罪的牢刑与赔偿。刘邦采纳了这一建议，很快稳定了社会秩序，并赢得了百姓的拥护。约法三章的故事，显示了刘邦不仅是打天下的能手，同时也是治天下的英才。

在"情、理、法"三者之间，"法"是基础。任何组织，任何个人，都应该以"法度""制度化"为做事的起点。在各种关系中，任何团队成员都要遵守法纪，按照基本的行为规范做事，不能有越轨行为。

第二，"理"是认同，帮助人们达成心理共识。

法度、制度都是由人创立的，应该随着时间、人事而变动。如果制度始终不变，不能因时、因事变化，那么就会僵化，出现办事效率低下等局面。为此，必须追求合理的原则。

所谓合理，就是合乎人们的价值认同。刚开始的时候，约定的办事原则、制度规范是合理的，适应了当时的情势。随着时间的推移，社会环境发生了变化，各种理念、规则就应该顺势而变，这样才能让大家认同、接受。

第三，"情"是人心，可以赢得理解和支持。

做事不能离开"人情"。各种行动规范、办事原则，不但要合理，还要合乎人情，能够激发大家的工作热情和潜能。如果各种规范在制度上是完备的，却在实践中束缚了手脚，和人性发生了冲突，造成了矛盾，那么就应该反思、求变。

在处理各种关系的过程中，懂得底层逻辑的人善于把握人心，做事总能合乎人情。这样处理复杂局面、应对各种难题时才会游刃有余，从而令各方满意。人心所向，你自然得到众人的支持。

中国人是讲"情"的民族，并且推崇合理、合法的人情，而不是为人诟病的庸俗关系。在处理各种关系的时候，务必要在"理""法"的基础上讲究"情"。做到这一点，既能实现邻里守望相助，又能不违原则、不失立场。

放下，是治愈一切的良药

人们对得不到的东西过分追求和渴望，并为此苦苦坚持，自然会心生烦恼，变得焦虑不堪。从根本上说，烦恼和焦虑是自我施压的结果。

放弃那些不切实际的想法，过好当下的日子，学会面对现实，就能减少大部分焦虑。有的人为了某个目标奋斗一生、拼搏一生，但是当他得到自己想要的一切时，却发现不过如此，而生命已经因为早年的奋斗消耗一空，失去了太多美好的东西。

在平常的日子里，一个人须懂得自问，明白自己真正需要的是什么，哪些是可以放弃的。能够舍弃某些不必要的东西，减少心头的贪念，就能消除内心的焦灼感，让身心变轻松。

有一个小男孩把手插进一个上窄下宽的花瓶中，结果拔不出来了。看着孩子痛苦的表情，妈妈用尽了方法，试图把卡住的手拿出来，但是都没有成功。稍微一用力，孩子就会疼得哇哇大哭。

看来只有把花瓶打碎，才能帮助孩子脱困。这个花瓶是一件收藏很久、价值连城的古董，如果打碎了确实可惜。不过为了救孩子，妈妈顾不上这些了。

花瓶打碎了，孩子的手平安无事了。妈妈让孩子把手伸出来，看看有没有受伤。奇怪的是，男孩始终紧握着拳头，好像无法张开。难道是被困得太久了，手抽筋了？妈妈再次变得惊慌失措。

男孩的手终于张开了，里面是一枚硬币。原来，男孩为了拿花瓶中的硬币，才卡住了手；而他始终无法从花瓶中拔出手来，是因为握着硬币不肯放手。

故事虽然很简单，却耐人寻味。在我们身边，许多人像这个孩子一样，放不下到手的职位、待遇，整天四处奔走，最后荒废了事业。有的人敌不住金钱的诱惑，费尽心思一夜暴富，却常常作茧自缚。内心的焦灼、惶恐、烦恼，都与"放不下"有莫大关系。

人生有很多美好的事情，也有很多美丽的风景，不要为了虚名放弃这些实实在在的东西。否则，焦虑、忧愁总会伴随左右，让人生徒增烦恼。人生就像一艘远行的船，总是在不停地装货、卸货，船上不能有太多的负重，否则船就会在途中沉没。那些不属于自己的东西，该放下时就放下，不要被其拖累。

对每个人来说，学会放下是一种了不起的能力，也是获得幸福人生必须具备的智慧。在关键时刻能够拿得起、放得下，善于忘记那些不愉快的事情，你就离幸福不远了。

放下那些没用的东西，你才能专注于自己真正热爱的人和事，远离焦虑的状态。在学会放下之后，烦恼和焦虑自然会消失，取而代之的是难得的轻松与惬意。

从众效应：山羊为什么排队跳崖

科学家研究发现：一群羊散乱无序地聚集在一起，总是盲目地左冲右撞；然而，如果头羊率先动起来，其他的羊会不假思索地一哄而上，根本不管前方是鲜美的青草还是悬崖绝壁。

人们把这种现象称为"羊群效应"，用来描述受到外界影响而在思想或行为上盲目跟从。也有人称之为"从众效应"，最直白的理解就是"随大溜"。比如，今年流行某种款式的衣服，人们会争相抢购，谁也不愿意"落伍"。实际上，你未必真的喜欢这个流行款。

一个人在街上闲逛，忽然看见排得很长的队伍，他以为商场在搞促销活动，于是习惯性地站到队伍后面，生怕错过购买便宜货的机会。等到排在自己前面的人越来越少，他才发现大家排队是为了上厕所。

上面这种情况，就是典型的从众效应。很多人就像盲从的羊一样，根本不知道自己的方向在哪里，习惯跟着别人的步调前进。事实上，"人多"本身就是有说服力的证据，在众口一词的情况下，人们会怀疑并改变自己的观点，并在行动上追随。

一位心理学家做过这样一个实验：在大学生中招募一批志愿者，每7个人分成一个小组，并让每个小组的成员坐成一排。然后在这7个人当中，提前选出6个人作为实验合作者，剩下的1个人作为被试者。

实验开始后，心理学家每次向大家出示2张卡片，并就卡片中的相关内容提出问题。心理学家先让实验合作者回答问题，然后让被试者回答问题。经过几次测试，发现实验合作者和被试者给出的答案都一样。

在后面的几次测试中，心理学家让6名实验合作者说出事先安排好的错误答案，于是一种与事实不符的群体压力便形成了。这时，心理学家趁机观察被试者是否受到群体压力的影响，进而发生从众行为。

结果发现：没有发生从众行为，并且坚持己见的被试者，只占总测试人数的25%～30%；35%的被试者发生了从众行为；15%的被试者的从众行为在次数上占实验判断次数的75%。

经过分析，这位心理学家将导致从众行为发生的原因归纳为两大类，即个体在群体中受到的信息压力和规范压力。

第一，信息压力。人们普遍认为，多数人正确的概率比较高，于是在不知道如何选择的情况下更容易相信多数人，最终导致从众行为。

第二，规范压力。生活中，大多数人不愿意标新立异，与众不同会让人担心被外界孤立，而与众人保持一致会产生一种"没有错"的安全感。

从众心理对人的影响是客观存在的。生活中，每个人都会不知不觉间产生从众行为。心理学家研究发现，与自卑、性格内向、社会阅历浅的人相比，自信、性格外向、社会阅历丰富的人发生从众行为的概率更低。这个调查结果提醒我们，避免从众效应的有效方式是培养自信、增加阅历。

那些有想法的人都有清晰的思维，遇事能够独立思考与判断，并且有特定的人生目标。生活中，他们从不轻易随波逐流，不会因为维持表面的和谐而随意附和他人。在遇到意见分歧时，他们总是相信自己的判断，敢于坚持自己的观点。无论身处哪个群体，面临什么选择，他们从不缺乏特立独行的勇气，坚持做一只充满魅力的"领头羊"。如果你能做到这些，也会得到外界的欣赏和敬佩。

毫无疑问，从众效应会让人变得缺乏创造力和积极性，让个体价值降低。从社会角度看，它会阻碍社会的健康发展；从个人角度看，它是限制个人能力发挥的一个潜在的重要因素。当一个人变得人云亦云、随波逐流，没有自己的独立思维，失去了判断能力后，就会跟着别人乱转，没有自己的方向与目标。这样的人到哪里都不会得到赏识。